알면 더 맛있는, 치즈 사전

CHEESE

알면 더 맛있는, 치즈 사전

실업지일본사 글
정세영 옮김

BOOKERS

CONTENTS

이 책의 활용방법

이 책에서는 자연 치즈 77종을 7가지 유형으로 분류하여
원산지, 마리아주, 추천 레시피 등을 소개한다.

A 명칭

치즈명은 국립국어원 규범표기가 일반적인 사용 예와 맞지 않은 경우, 또는 미확정인 경우 미등록되어 있는 건이 다수 있음으로 일반 소비자들에게 익숙하고 현지인들의 발음과 유사한 표현으로 정리하였다.

B 분류법

치즈의 특성에 따라 프레시 치즈, 파스타 필라타 치즈, 흰곰팡이 치즈, 워시 치즈, 염소젖(셰브르) 치즈, 블루 치즈, 반경성/경성 치즈의 7가지로 분류하였다.

C 원산지 국가 및 원산지 명칭 보호 표기

D DATA

치즈에 따른 원산지, 원유(우유, 물소유, 염소유 등), 사이즈, 풍미, 먹는 방법, 어울리는 음료(마리아주)를 제공한다. 또한 각 치즈의 원산지에 대한 배경 설명을 통해 치즈에 대한 이해를 돕는다.

E TOPIC / RECIPE

치즈 본연의 맛을 위한 과일, 빵 등의 조합과 최적의 치즈 맛을 낼 수 있는 레시피를 제공한다. 이 밖에 알면 좋은 치즈 상식도 수록하였다.

BASIC KNOWLEDGE OF CHEESE

치즈의 기초 지식

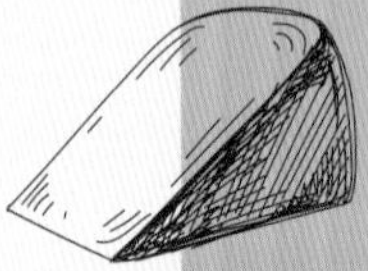

동서양을 막론하고 세계 어디서나 사랑받는 치즈.
보통 '치즈'라고 광범위하게 불리지만,
프레시 치즈,
푸른곰팡이가 핀 블루 치즈,
독특한 향을 가진 워시 치즈 등
저마다 개성도 풍미도 각양각색이다.

치즈란 대체 무엇일까?
인류 역사에서 언제 생겨났고
또 어떻게 만들어졌을까?
먼저 치즈에 대한 기초 지식부터 쌓아보자.

치즈란

치즈는 어디서나 쉽게 접할 수 있는 식품이다. 마트나 백화점에 가면 까망베르와 고르곤졸라와 같은 여러 나라의 치즈가 진열대를 가득 채우고 있다. 하지만 그 많은 치즈도 전 세계 치즈의 극히 일부에 지나지 않는다. 한국의 경우 「축산물 위생관리법상」 수입이 금지된 치즈도 있고, 생산지에서만 소비되는 치즈도 있어 세상에는 우리가 생각하는 것보다 훨씬 더 다양한 치즈가 있다.

그렇다면 치즈는 어떤 식품일까? 치즈란 소나 염소, 양의 젖에 유산균이나 효소(렌넷)를 첨가해 응고시킨 것을 말한다. 치즈는 특히 보존성이 좋고 영양가가 뛰어나 아주 오래전부터 전 세계인에게 사랑받아 왔다. 특히 유럽에서는 식생활에 깊이 뿌리 내려 식탁에 빠지지 않고 등장하는 음식이다.

최근 들어서는 한국이나 일본에서도 1인당 연간 치즈 소비량이 증가하는 추세지만 유럽 국가에는 비해 한참 미치지 못하는 수준이다. 요리와 간식에 활용하기도 쉽고 영양가도 풍부한 치즈를 평소 식단에 활용하여 치즈를 부담 없이 즐기는 것도 맛있게 먹는 방법이다.

치즈의 정의

THE HISTORY OF CHEESE

치즈의 역사

치즈는 사람이 만든 음식 중에서도 가장 역사가 긴 식품 가운데 하나로 꼽힌다. 정확한 기원은 확실하지 않지만 2012년 폴란드에서 발굴된 7천 년 전 토기에서 치즈를 제조한 흔적이 발견되었다. 대량의 유지방이 검출된 이 토기는 수분을 빼고 응고시킨 우유(커드, curd)에서 유청을 분리하는 데 쓰인 것으로 인류 역사상 가장 오래된 치즈 제조로 추정된다.

기원전 4천 년 경의 고대 메소포타미아 벽화에는 사람들이 동물의 젖을 짜서 치즈나 버터를 만드는 모습이 그려져 있다. 기원전 2천년 경의 아라비아 민화에도 치즈의 탄생에 관한 설화가 등장한다.

"아주 먼 옛날 한 상인이 사막을 횡단하기 전에 양의 위장으로 만든 물통에 젖을 넣어 낙타 등에 동여매고 길을 나섰다. 그런데 저녁에 목을 축이려고 물통을 열었더니 묽은 액체와 하얀 덩어리로 변해 있었다. 조심스레 덩어리를 먹어 보자 말로 형용할 수 없을 만큼 맛이 좋았다."

이는 더운 사막에서 물통이 흔들리는 동안 양의 위장에 있던 효소(렌넷)의 작용으로 젖이 굳으면서 치즈로 변한 것으로 여겨진다. 치즈는 이런 우연한 계기로 탄생했으며 수천 년이 지난 지금도 이 원리를 이용해 치즈를 제조하고 있다.

이렇듯 긴긴 역사 속에서 각 지역 특유의 풍토와 인간의 지혜가 합쳐져 개성과 지역색이 다채로운 치즈가 탄생하였고 오랜 세월 동안 우리 식생활을 지탱해 왔다.

◀양유로 만든 페코리노 로마노는 이탈리아에서 가장 오래된 치즈로, 기원전 1세기 무렵부터 제조되었다.

TOPICS

일본의 치즈 역사

일본에서는 645년에 백제에서 귀화한 사람의 자손인 선나(善那)가 우유를 조려서 굳힌 '소(蘇)'를 천황가에 바쳤다는 기록이 남아 있다. 본격적인 치즈 제조는 1875년 홋카이도 개척청에서 연유와 치즈를 시험 제작하면서 시작되었다고 전해진다.

1930년대에 접어들면서 유키지루시 유업(당시 홋카이도제락판매조합연합회)과 메이지 유업이 가공치즈를 제조, 판매하기 시작했다. 제2차 세계대전 이후에는 블루 치즈와 까망베르 치즈 등 다양한 자연치즈가 제조되었고 소비량도 해마다 증가해 왔다.

나라별 치즈 역사

영국

영국에서는 약 2천년 전 로마 제국 시대부터 치즈를 만들었다. 중세에는 밀크메이드(milkmaid)라 불리는 여성 착유공들이 장원(莊園)에서 소를 돌보며 치즈를 제조했다.

네덜란드

네덜란드에서는 기원전 200년 무렵에 치즈를 제조할 때 쓰인 도구가 발굴되었다. 중세에는 해외에 치즈를 수출하기 시작했고 17세기에는 일본에 최초로 치즈를 전파했다

프랑스

로마 제국이 서유럽을 침략하면서 프랑스에 치즈가 전해졌다. 세계 3대 블루 치즈 중 로크포르는 프랑스에서 가장 오랜 역사를 가진 치즈다.

독일

독일에는 독일 고유의 치즈는 거의 없고 여러 이웃 나라의 제조법을 응용, 변형해서 만든 종류가 많다.

스위스

스위스의 치즈 역사는 기원전까지 거슬러 올라가며 이미 고대 로마 시대부터 치즈를 생산했다.

그리스

그리스를 대표하는 페타 치즈는 고대 그리스 시대부터 만들어졌으며 고대 그리스 시인 호메로스의 서사시 『오디세이아』에도 등장한다.

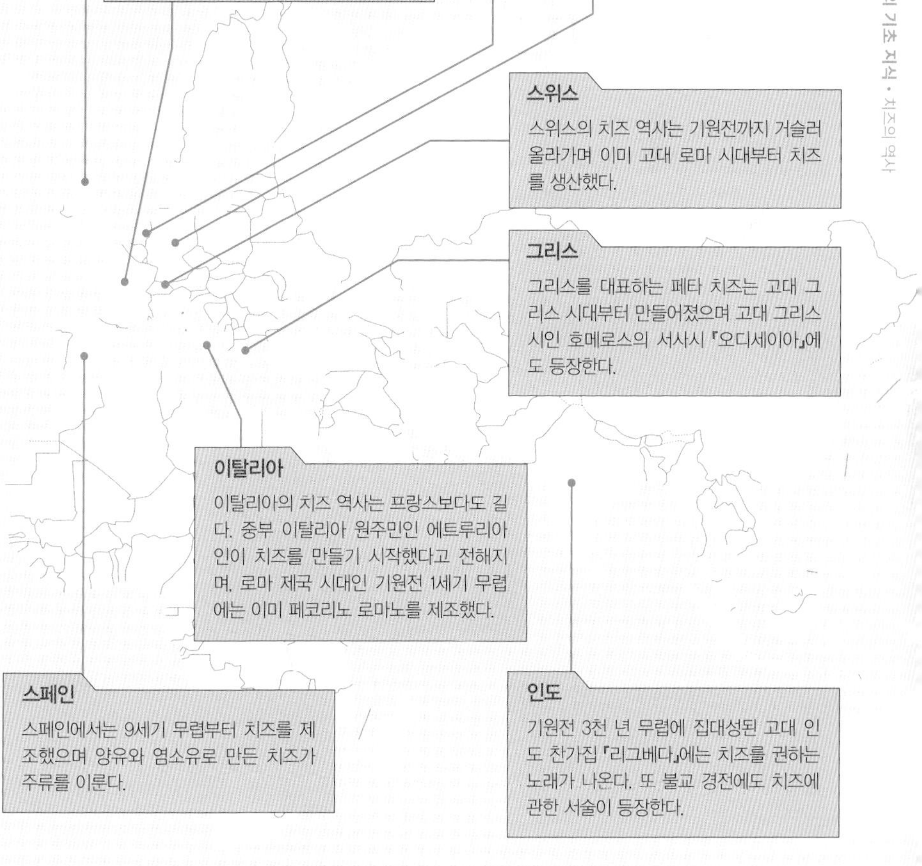

이탈리아

이탈리아의 치즈 역사는 프랑스보다도 길다. 중부 이탈리아 원주민인 에트루리아인이 치즈를 만들기 시작했다고 전해지며, 로마 제국 시대인 기원전 1세기 무렵에는 이미 페코리노 로마노를 제조했다.

스페인

스페인에서는 9세기 무렵부터 치즈를 제조했으며 양유와 염소유로 만든 치즈가 주류를 이룬다.

인도

기원전 3천 년 무렵에 집대성된 고대 인도 찬가집 『리그베다』에는 치즈를 권하는 노래가 나온다. 또 불교 경전에도 치즈에 관한 서술이 등장한다.

THE TYPE OF CHEESE

치즈의 종류

치즈는 제조 방식에 따라 크게 '자연 치즈(Natural Cheese)'와 '가공 치즈(Processed Cheese)'로 나뉜다. 자연 치즈는 우유나 염소유, 양유 등의 원유에 산이나 효소를 추가해 응고시킨 후 발효한 치즈를 말하며, 풍미를 늘리기 위해 오랫동안 숙성을 거치는 종류도 있다.

자연 치즈를 분류하는 방법은 나라마다 조금씩 다른데 이 책에서는 프레시 치즈, 파스타 필라타 치즈, 흰곰팡이 치즈, 워시 치즈, 염소젖(셰브르) 치즈, 블루 치즈, 반경성과 경성 치즈, 이렇게 7가지 유형별로 소개한다. 다만 보통 프레시 치즈로 분류되는 모짜렐라 치즈는 인기가 많은 파스타 필라타 타입으로 분류했다. 그러나 같은 종류의 치즈를 매뉴얼대로 만들어도 기후의 영향이나 만드는 사람의 기량에 따라 미묘한 차이가 생긴다는 점이 자연 치즈의 심오한 매력이다.

가공 치즈는 고다나 체다 등의 자연 치즈를 한 종류 또는 여러 종류를 가열해서 녹인 후 다시 성형한 치즈다. 자연 치즈에 비해 풍미가 일정하고 보존성이 높다는 특징이 있다. 또 자연 치즈나 가공 치즈라는 용어는 한국이나 일본, 미국 등 가공 치즈 소비량이 높은 나라에서만 널리 쓰인다. 보통 유럽에서는 치즈 하면 자연 치즈를 가리키며 가공 치즈라는 표현은 잘 쓰지 않는다.

TOPICS

원산지 명칭 보호 PDO, Protected Designation of Origin

AOP(Appellation d'Origine Protégée)

EU(유럽 연합)에서 규정한 원산지 명칭 보호 중 하나로 제품의 전통을 유지하기 위해 시행된 제도다. EU 출범 후 AOC(Appellation d'Origine Contrôlée)를 포함한 유럽의 원산지 보호 명칭이 AOP로 통일되었다. AOP 로고 안에 들어가는 표기는 영어로는 PDO(Protected Designation of Origin), 프랑스어로는 AOP(Appellation d'Origine Protegee), 이탈리아어로는 DOP(Denominazione di Origine Protetta), 스페인어로는 DOP(Denominación de Origen Protegida)라고 쓴다.

IGP(Indication Géographique Protégée)

EU가 규정한 지리적 표시 제도 중 하나로 '지리적 표시 보호'다. 제품의 특성과 생산지의 연관성을 강조한 인증 지표이며 전통 노하우나 생산 방식 등의 조건은 AOP에 비해 덜 까다롭다.

AOP(Appellation d'Origine Protégée)

EU 비가맹국인 스위스가 독자적으로 규정한 원산지 명칭 보호

※ 원산지 명칭 보호를 받는 치즈에는 해당 마크를 표기해 두었다.

자연 치즈의 분류

분류		대표 치즈
프레시 타입	숙성시키지 않은 타입의 치즈. 치즈 제조 공정의 첫 번째 단계(뒤에서 설명)만 거쳐 완성한다. 맛과 향이 순해서 거부감이 없으며 수분 함량이 높아 부드럽다. 갓 만들어 신선할 때 먹는 게 좋다.	리코타, 마스카르포네, 크박 등
파스타 필라타 타입	이탈리아어로 파스타(Pasta)는 '반죽', 필라타(Filata)는 '실처럼 찢어진다'는 의미다. 우유에 응유효소를 넣어 응고시킨 후 유청을 뺀 커드에 뜨거운 물을 붓고 반죽하면 조직에 탄력이 생긴다. 파스타 필라타의 특징을 가진 치즈로는 스트링 치즈가 있다.	모짜렐라, 부라타, 스카모르짜 등
흰곰팡이 타입	표면에 흰곰팡이를 번식시켜 치즈 표면에서 안쪽 방향으로 숙성이 진행되는 치즈. 속살은 크림색이며 숙성되면 외피 곳곳에 갈색 반점이 나타나면서 치즈 조직이 연하고 부드러워진다. 맛과 향이 부드럽고 순하여 자연 치즈를 처음 접한 사람도 거부감 없이 즐길 수 있다.	브리 드 모, 까망베르, 샤우르스 등
워시 타입	표면에 소금물이나 와인, 브랜디를 적셔 씻어내면서 숙성하므로 워시(wash) 타입이라 불린다. 표면에 리넨스(linens)라는 특수한 박테리아를 번식시켜 숙성하므로 냄새와 개성이 강한 치즈가 많지만 속살은 촉촉하고 깊은 맛이 난다. 애호가층에게 적합한 치즈라고 할 수 있다.	에뿌아쓰, 퐁레베크, 묑스테르 등
염소젖 (셰브르) 타입	셰브르(Chèvre)란 프랑스어로 염소(염소)를 뜻하며 이름 그대로 염소유로 만든 치즈다. 우유로 만든 치즈보다 역사가 더 길어서 치즈의 원조라고도 할 수 있다. 숙성한 지 얼마 안 됐을 때는 상큼한 신맛이 나고 숙성이 진행될수록 감칠맛과 풍미가 깊어진다. 염소젖 특유의 풍미가 강해 치즈 애호가 사이에서 인기가 탄탄하다.	발랑세, 셀 쉬르 셰르, 바농 등
블루 타입	치즈 내부에 푸른곰팡이를 번식시켜 숙성하는 타입. 푸른곰팡이는 번식하려면 공기가 필요하므로 공기를 찾아 안쪽에서 바깥으로 퍼져나가며 숙성된다. 푸른곰팡이는 지방을 분해하는 작용이 강력해서 특유의 톡 쏘는 자극적인 향을 만들어내며 다른 치즈보다 짠맛이 강하다. 독특한 풍미에 중독되어 헤어나지 못하는 사람도 많다.	스틸톤, 고르곤졸라, 로크포르 등
반경성 / 경성 타입	압착하여 수분을 줄였기 때문에 비교적 단단하며 장기 보존이 가능하다. 수분을 많이 제거할수록 치즈 자체의 부드러움이 거의 느껴지지 않는 단단하고 중량감 있는 자연 치즈가 된다. 이 타입은 가공 치즈의 원료로 많이 쓰이며 숙성 정도에 따라 종류를 구분하기도 한다.	체다, 고다, 파르미지아노 레지아노 등

▶ 전 세계에 존재하는 치즈는 1천여 종이 넘는 만큼 개성도 다양하다.

HOW TO MAKE CHEESE

치즈가 완성되기까지

치즈 제조는 광범위하게 말하자면 액체였던 '젖'을 고체로 만드는 작업으로, 주된 공정은 3단계로 나뉜다. 다음 예시는 우유로 반경성/경성 타입의 치즈를 만드는 과정이다.

❶ 원유를 조정하고 응고시킨다

지방량을 조정해야 하는 타입일 경우 원유의 지방분을 제거하여 지방 함량을 조정한다. 전통적인 치즈는 살균하지 않지만 대량 생산하는 치즈는 저온에서 가온하여 살균 처리한 후 제조 공정에 들어간다.

먼저 원유를 데우고 스타터(starter, 배양한 유산균)를 넣어 원유의 유산균이나 효소가 활성화할 수 있게 환경을 조성한다. 유산균이 증식하면 응유효소인 렌넷을 넣어 원유를 응고시킨다.

❷ 응고된 커드(응유)에서 유청(수분)을 분리한 후 틀에 넣는다

원유가 응고해 커드 형태가 되면 유청이 잘 빠질 수 있도록 잘라 준다. 자른 커드들이 가라앉아 뭉치지 않도록 잘 저으면서 가온한다.

커드가 제조하려는 치즈 타입에 적합할 만큼 수축되면 유청을 분리하고 성형한다. 치즈의 모양과 크기는 '몰드'라고 불리는 틀로 결정되며, 커드를 네모난 통에서 굳힌 후 잘라서 넣는 방법, 국자나 그릇 같은 도구로 떠서 넣는 방법, 천에 모아서 그대로 옮기는 방법 등 치즈 종류에 따라 틀에 넣는 방식이 다르다.

❸ 틀에서 꺼내 숙성시킨다

커드에서 유청을 제거하고 성형한 것은 '생치즈(Green Cheese)'라고 부른다. 숙성하는 타입의 치즈는 여기에 소금을 섞어 숙성시킨다.

숙성 기간은 치즈 타입에 따라 다르나 일정하게 유지된 온도와 습도에서 짧게는 1~2주, 길게는 1~2년 간 숙성시킨다. 숙성 기간 동안 미생물이나 효소가 단백질과 지방을 분해하면서 아미노산과 지방산을 생성해 치즈마다 독특한 풍미가 생겨난다.

치즈별로 숙성시키는 온도와 습도, 통풍 조건이 다르며, 일정 기간마다 치즈를 닦거나 뒤집어 주는 등의 손질이 필요한 종류도 있다.

자연 치즈 제조 공정 사례

코티지 치즈

❶ 원유

살균 처리한 탈지유에 스타터를 넣고 30℃ 전후까지 데워 유당을 발효시킨다.

❷ 응고

소량의 렌넷을 넣는 경우도 있다. 응고 후 자른다.

❸ 가온

골고루 저으면서 50℃ 전후까지 가열한다.

❹ 유청 분리

커드 알갱이를 유청에서 분리한 후 물에 헹구고 물기를 제거한다. 그 후 크림을 약간 섞기도 한다.

파르미지아노 레지아노

❶ 원유

전날 짜서 하룻밤 실온에 둔 후 표면에 떠오른 유지방 일부를 걷어낸 원유와 아침에 짠 전유를 섞어서 치즈 배트(Cheese vat)에서 데운다. 이때 발효를 촉진하기 위해 전날 착유한 우유에서 나온 유청을 넣어 준다.

❷ 응고

렌넷을 넣고 10~12분간 응고시킨다.

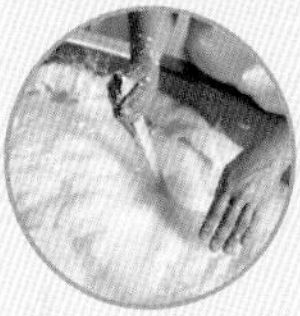

❸ 커팅

커드를 스피노(Spino)라고 불리는 커드 절단용 기구로 저어 주며 쌀알 크기로 잘게 부순다.

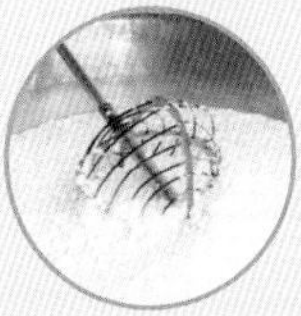

❹ 유청 분리

잘 섞어주면서 약 55℃까지 온도를 높인다. 45분에서 60분 후 커드가 바닥에 가라앉으면 덩어리를 반으로 잘라 각각 천으로 감싼 후 치즈 배트에 매달아 둔다.

❺ 성형(압착)

둥그런 성형틀에 옮겨 담은 후 누름돌을 올려 남은 유청을 빼고 윗면을 평평하게 만든다. 그날 저녁에 몸통이 볼록한 스테인리스 틀에 옮겨 담은 후 2~3일간 보관해 치즈를 북모양으로 만든다.

❻ 가염

틀에서 꺼내 소금물에 20~25일간 담가 둔다.

❼ 숙성

숙성실에서 최저 12개월, 보통 24개월간 표면을 닦으며 숙성시킨다. 출하 시에는 하나하나 망치로 두들기며 품질을 검사한다.

THE NUTRITION AND INGREDIENTS OF CHEESE

치즈의 영양과 성분

▲ 치즈에 함유된 지방과 염분의 양은 종류에 따라 다르므로 목적에 맞게 선택하자.

유럽에서 '하얀 고기'라고 불릴 만큼 단백질이 풍부한 치즈는 우유에 든 주요 영양소가 그대로 응축된 영양가 높은 식품이다. 고작 치즈 20그램이면 우유 200밀리리터를 마셨을 때와 똑같은 영양분을 얻을 수 있다.

자연 치즈는 원유나 제조 방법에 따라 영양 성분이 조금씩 다르지만 단백질, 칼슘, 철분, 비타민A, 비타민B군 등 우리 몸에 필요한 영양소가 골고루 들어 있는 훌륭한 식품이다. 다만 탄수화물과 비타민C는 들어있지 않으므로 빵이나 채소, 과일과 함께 먹으면 모든 영양소를 섭취할 수 있다.

또 치즈에 든 유화 지방과 유산균은 장내 환경을 개선해서 변비나 설사를 예방한다. 게다가 우유를 마시면 배가 아픈 사람도 치즈를 먹었을 때는 배탈 날 걱정이 적다. 왜냐하면 복통을 일으키는 원인인 유당이 치즈를 제조하는 공정에서 대부분 제거되기 때문이다.

식생활에 치즈를 적절히 활용하면 건강 증진은 물론 균형 잡힌 영양을 챙길 수 있다. 치즈는 성장기 어린이와 노년층, 한창 일할 나이인 중장년층 남성, 젊은 여성 등 누구나 매일 꼭 챙겨 먹어야 할 자연 건강식품이다.

치즈의 영양 (100g당)

종류	에너지 (kcal)	수분 (g)	단백질 (g)	지질 (g)	탄수화물 (g)	비타민A (μg)	비타민B (μg)	식염상당량 (g)
코티지 치즈	105	79.0	13.3	4.5	1.9	37	0.15	1.0
크림 치즈	346	55.5	8.2	33.0	2.3	250	0.22	0.7
까망베르	310	51.8	19.1	24.7	0.9	240	0.48	2.0
블루 치즈	349	45.6	18.8	29.0	1.0	280	0.42	3.8
고다	380	40.0	25.8	29.0	1.4	270	0.33	2.0
파르미지아노 레지아노	475	15.4	44.0	30.8	1.9	240	0.68	3.8

출처: 일본 식품표준성분표 제7개정판

치즈의 성분

❶ 단백질

단백질은 근육이나 세포, 혈액 등을 만드는 대단히 중요한 영양소이며, 칼슘이나 비타민B군 등을 동시에 흡수하는 역할도 한다. 또 치즈에는 체내에서 합성되지 않아 반드시 음식으로 섭취해야 하는 여러 가지 필수 아미노산도 균형 있게 들어있다.

❸ 지질

지방은 단백질과 함께 치즈의 주성분 중 하나다. 치즈의 지방 입자는 크기가 작아서 소화와 분해가 쉽고, 대부분 먹고 나서 곧바로 체외로 배출된다. 또 지방 연소를 촉진하는 비타민B2가 풍부해서 살이 찌는 원인이 되기 어렵다.

❷ 칼슘

칼슘은 뼈를 만드는 중요한 영양소다. 치즈에는 칼슘이 풍부하며 치즈에 든 칼슘은 단백질과 결합한 형태여서 체내 흡수율이 높다. 치즈는 칼슘 섭취가 부족한 한국인이나 일본인에게 최적의 식품이다.

❹ 비타민

치즈에는 비타민A와 B2도 풍부하다. 비타민A는 피부와 장기의 점막을 건강하게 유지하는 역할을 하며, 부족하면 면역력이 저하된다. 비타민B2는 피부와 머리카락을 윤기 있고 건강하게 만드는 외에도 콜레스테롤과 중성 지방을 감소시키고 당뇨와 비만을 예방하는 기능을 한다.

TOPICS

미용 식품으로도 손색이 없는 치즈

치즈는 지방이 많다는 이미지 때문에 다이어트에 적합하지 않다고 생각하는 사람이 많다. 그런데 치즈를 먹으면 체내 지방을 연소시키는 호르몬인 아디포넥틴(adiponectin)이 증가해 혈액 속 중성 지방과 총콜레스테롤 수치를 낮춰준다는 사실이 밝혀졌다. 다시 말해 치즈는 살이 찌게 하기는커녕 내장 지방을 줄여 주는 것이다.

또 치즈에는 비타민A가 풍부해서 피부 미용과 면역력 강화에도 도움이 된다. 지나치게 많이 먹지는 말아야 하겠지만 영양가가 높은 치즈를 평소 식생활에 적절히 도입하면 건강뿐 아니라 미용에도 탁월한 효과를 얻을 수 있다.

허브를 곁들인 페타

프레시 치즈

FRESH CHEESE

숙성 과정을 거치지 않는 프레시 치즈는
원유에 유산균이나 효소를 넣어 굳힌 후
유청을 뺀 흰 덩어리다.
수분이 많아서 부드럽고
가벼운 산미와 상큼한 풍미가 있어
누구나 부담 없이 즐길 수 있다.

MARIAGE

맛있는 조합

FRUIT

오렌지, 사과, 블루베리, 키위, 바나나, 곶감 등 대부분의 과일과 궁합이 잘 맞는다.

BREAD

바게트나 베이글, 버터와 달걀을 듬뿍 넣은 브리오슈(프랑스 빵의 일종) 등과 잘 어울린다. 특히 베이글과 크림 치즈는 찰떡궁합을 자랑하는 기본 조합이다.

WINE

화이트 와인이나 스파클링 와인과 잘 어울린다. 프레시 타입 치즈는 맛이 부드러워서 약간 산미가 있는 드라이 화이트 와인이나 스위트 화이트 와인과 잘 어우러진다.

저지방, 저칼로리에 산미가 적고 부드러운 만능 치즈

리코타 RICOTTA

▲ 신선함이 생명인 리코타는 최대한 빨리 먹는 게 철칙이다.

DATA

[원산지] 이탈리아

[원유] 우유, 물소유, 양유의 유청

[풍미] 부드럽고 담백하다. 은은한 단맛과 산뜻한 신맛

[먹는 방법] 그대로 먹거나 꿀이나 잼과 함께 먹는다.

[어울리는 음료] 스파클링 와인, 가벼운 화이트 와인, 커피

리코타의 종류

리코타는 활용도가 높은 만큼 응용하는 법도 다양하다. 보존 기간을 늘리기 위해 소금을 넣어 건조시킨 리코타 살라타는 일반 리코타보다 짠맛과 감칠맛이 강하다. 갈아서 파스타 토핑으로 쓰는 경우가 많다. 훈연한 리코타 아푸미카타는 드라이 와인이나 맥주와 잘 어울린다.

리코타를 오븐에 구운 리코타 인포르나타는 치즈 판매점에서 구입할 수 있지만 신선한 리코타만 있으면 집에서도 손쉽게 만들 수 있다. 리코타 포르테는 이탈리아 풀리아 지역의 양유로 만든 리코타를 소금에 절여 크림 형태가 될 때까지 발효시킨 후 병에 담아 포장한 것이다.

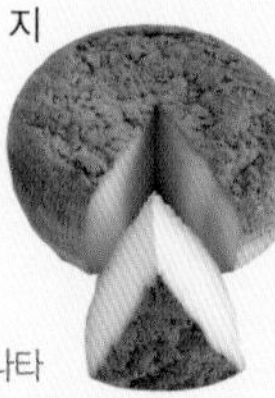

▶ 리코타 인포르나타

리코타는 치즈를 만들고 남은 부산물인 유청을 원료로 만든다. 먼저 유청에 소량의 원유를 넣고 가열한 다음 단백질이 둥둥 떠오르면 건져서 소쿠리에 담고 수분을 빼면 완성이다. 겉모습은 마치 순두부 같다. 리코타는 이탈리아어로 '두 번 데운다'는 의미로, 재가열하는 제조 방식에서 비롯된 이름이다.

리코타의 원료인 유청은 지방 함량이 낮아서 저지방 치즈로도 인기가 높다. 생크림을 추가해서 만들면 더 달콤하고 묵직한 맛을 즐길 수 있다. 맛과 향이 순해서 요리는 물론 제과 재료로도 손색이 없고 그냥 디저트로 먹어도 맛있다. 또 한국이나 일본에서 판매하는 리코타는 대부분 '우유'로 만든 제품이지만, 이탈리아에서는 원래 '양유'로 만드는 것이 일반적이다. 따라서 양유로 만든 리코타 로마냐는 원산지 명칭 보호(DOP)를 받는다. 오래 전부터 유청으로 리코타를 만들었던 것도 양유의 지방 함량이 높기 때문이었다.

물소유로 만들어 우유 풍미가 더 깊고 달콤한 리코타 디 부팔라 캄파나도 원산지 명칭 보호를 받는다.

▲ 갓 만든 리코타는 건져서 소쿠리 형태의 틀에 옮겨 담는다.

RECIPE

폭 넓게 활용 가능한 치즈

리코타는 그대로 먹어도 충분히 맛있지만 샐러드, 파스타 같은 요리나 디저트에도 폭넓게 활용할 수 있다. 미국에서는 '엄마의 맛'으로 불리는 라자냐를 만들 때 화이트 소스 대신 리코타를 사용한다.

시칠리아의 명물인 카놀리(Cannoli)는 파이프 모양으로 말아서 튀긴 빵 안에 리코타와 생크림, 건과일, 피스타치오를 채워 넣은 달콤한 디저트다.

▲ 시금치와 토마토소스, 리코타를 층층이 쌓아서 만든 라자냐. 화이트소스보다 가벼운 맛으로 완성된다.

◀ 시칠리아의 전통 디저트 카놀리

부담 없이 즐기는 상큼한 풍미와 진한 맛

마스카르포네 MASCARPONE

▲ 입안에서 사르르 녹아내리는 마스카르포네.
제과용은 물론 그냥 스푼으로 푹 떠서 먹어도 맛이 일품이다.

DATA

[원산지] 이탈리아 북부

[원유] 우유

[사이즈] 250g, 500g

[풍미] 입안에서 사르르 녹아내리는 식감과 우유에서 나오는 자연스러운 단맛

[먹는 방법] 그대로 먹거나 티라미수 등의 디저트 재료로 활용한다.

[어울리는 음료] 스파클링 와인, 커피, 브랜디

이탈리아 롬바르디아주

마스카르포네의 원산지는 북이탈리아 롬바르디아주로, 주도(州都)는 밀라노다. 북부 산간 지역에는 이탈리아 최초로 세계 문화유산에 등재된 카모니카 계곡과 코모 호수, 가르다 호수 등의 호반 풍경이 그림처럼 펼쳐져 전 세계 관광객의 마음을 사로잡는다. 이처럼 자연환경이 풍부해 예로부터 낙농업이 발달했다.

파스타나 쌀 외에 폴렌타(polenta, 옥수수 가루를 반죽해서 죽처럼 끓인 음식)를 겨울 주식으로 삼는 일이 많아서 롬바르디아 지역 사람들을 '폴렌토네(폴렌타를 먹는 사람)'라고 부르기도 한다.

▲ 아름다운 코모호수 풍경

마스카르포네는 휘핑한 생크림처럼 부드러운 식감과 가볍고 상큼한 풍미가 특징인 프레시 타입 치즈다. 원래 이탈리아 롬바르디아주의 겨울 특산품이었지만 지금은 이탈리아 북동부 전역에서 일 년 내내 생산한다. 마스카르포네라는 이름의 기원은 16세기 후반에서 17세기로 거슬러 올라간다. 롬바르디아주를 방문한 스페인 총독이 이 치즈를 먹고 '마스케 부에노(Mas que bueno, 최고의 맛)!'라고 외친 데서 유래했다고 전해진다.

마스카르포네는 가열한 생크림에 구연산 등을 넣어 응고시킨 후 유청을 제거해서 만든다. 유지방 함량이 80퍼센트나 되고 신맛과 짠맛이 적어서 티라미수 등의 디저트 재료로 널리 쓰인다. 블루 치즈와 궁합이 잘 맞는데 고르곤졸라 돌체와 마스카르포네를 번갈아 쌓아 올린 '고르곤졸라 마스카르포네'는 블루 치즈를 잘 먹지 못한 사람조차 사로잡을 만큼 맛있다. 일본에서는 1990년 무렵에 티라미수가 유행하면서부터 마스카르포네 수요가 급증했다.

▲ 1990년대에 일본 전역을 휩쓸 만큼 붐을 일으킨 후로 널리 사랑받게 된 티라미수

RECIPE

베이킹용으로 인기 많은 치즈

마스카르포네는 천연의 단맛이 있어서 티라미수나 케이크 등의 베이킹용으로 인기가 높다. 그중에서도 초콜릿과 궁합이 잘 맞아서 브라우니 반죽에 넣어 구우면 한층 더 촉촉하고 부드러운 브라우니가 완성된다.

신선한 마스카르포네와 과일을 곁들인 디저트 느낌의 샐러드는 달콤함과 상큼함이 절묘하게 조화를 이뤄 손님에게 대접해도 손색이 없다.

▲ 마스카르포네를 넣은 초콜릿 브라우니는 선물용으로도 그만이다.

◀ 마스카르포네와 딸기를 넣은 샐러드는 식탁 분위기를 한층 화사하게 한다.

기원전부터 이어진 제조법으로 만든 그리스산 치즈

페타 FETA

▲조직이 약해서 잘 부스러지는 페타. 짠맛과 은은한 산미, 양유 특유의 감칠맛을 느낄 수 있다.

DATA

[원산지] 그리스, 마케도니아 지방

[원유] 양유, 염소유

[사이즈] 200g, 400g

[풍미] 포슬포슬한 식감, 자극적인 짠맛과 양유 특유의 풍미

[먹는 방법] 그대로 먹거나 올리브유에 절여 먹는다.

[어울리는 음료] 드라이 화이트 와인

고대 그리스와 치즈

그리스에서 치즈를 생산한 역사는 고대 그리스 시대까지 거슬러 올라간다. 고대 그리스 호메로스의 서사시 『오디세이아』에는 와인의 산미를 제거하기 위해 양유 치즈를 사용하는 모습이 묘사되어 있고, 아리스토텔레스나 피타고라스 등이 남긴 글에 치즈 생산과 소비에 관한 기록이 남아 있다.

치즈는 고대 그리스에서 신전에 바치는 제물로 중요한 역할을 했으며 지금도 그리스 사람들의 식탁에 거의 매일 등장하는 필수적인 메뉴다.

▶고대 도시 린도스의 고대 유적

페타는 1인당 연간 약 23킬로그램이나 치즈를 소비하는 세계 유수의 치즈 대국 그리스에서 가장 오랜 역사를 자랑하는 치즈다. 그리스의 치즈 역사는 기원전 8세기까지 거슬러 올라가지만 페타라는 이름은 17세기가 되어서야 붙여졌다. 얇은 조각이라는 의미를 가진 이탈리아어 페타(fétta)가 이름의 유래다. 20세기에 접어들면서부터 전 세계에서 페타를 제조하게 되었지만 현재는 원산지 보호 규정에 따라 그리스산에만 페타라는 이름을 붙일 수 있다.

그리스산 페타는 테살리아와 트라키아, 펠로폰네소스 반도 등에서 나온 양유로만 만드는데, 염소유를 최고 30퍼센트까지 섞을 수 있다. 염소유를 추가하면 풍미가 늘어나기 때문에 대부분 양유와 염소유를 혼합해 제조한다.

▲그리스 요리에서 빼놓을 수 없는 페타. 겉보기에는 마치 두부 같다.

예전에는 보존성을 높이기 위해 소금물에 담가두어 짠맛이 강했지만 요즘은 염분을 빼지 않고 먹을 수 있는 제품이 많다. 또 최근에는 전통적인 숙성 방법에 따라 나무통에 넣어 숙성하는 페타도 등장했다. 나무통에서 숙성시킨 페타는 은은한 산미가 있고 크림처럼 부드럽다. 오렌지 등의 감귤류와 함께 그리스 샐러드를 만들어도 좋다.

RECIPE

그리스 식탁을 완성하는 풍미

평범한 오믈렛도 페타를 곁들이면 다채로운 그리스식 오믈렛으로 변신한다. 휴일의 브런치로도, 저녁 식사의 사이드 메뉴로도 안성맞춤이다.

샐러드도 페타만 추가하면 금세 그리스식 샐러드로 탈바꿈한다. 올리브와 취향에 맞는 채소를 썰어 그릇에 담고 올리브유와 레몬, 와인 비니거를 뿌리면 완성이다. 토마토 대신 수박을 넣으면 또 다른 풍미를 즐길 수 있다.

▲토마토, 파슬리, 페타를 넣은 오믈렛

◀채소와 큐브 모양으로 자른 페타에 소금과 후추, 올리브유를 뿌려 맛을 낸 그리스 샐러드

노릇노릇 구워도 녹아내리지 않는 지중해 지역의 신기한 치즈

할루미 HALLOUMI

▲ 표면에 민트 잎을 뿌린 할루미

키프로스는 지중해에 위치한 작은 섬나라다. 할루미는 동로마 제국 시대에 이 섬에서 탄생하였고 지금은 터키 등 중동 지역에서도 즐겨 먹는다. 전통적인 할루미는 양유나 염소유를 렌넷으로 응고시켜 가열한 후에 소금물에 담가서 만든다. 예전에는 할루미를 민트 잎에 싸서 보관했는데, 지금도 그 전통이 남아 표면에 민트 잎을 뿌린다.

할루미는 녹는점이 높고 가열해도 녹지 않아서 주로 굽거나 튀겨 먹는다. 짠맛이 강하지만 씹었을 때 쫀득한 소리가 날 만큼 탱글탱글해서 신기한 질감을 즐길 수 있다.

DATA

[원산지] 키프로스

[원유] 우유, 양유, 염소유

[사이즈] 220~850g

[풍미] 쫀득쫀득한 질감과 짭조름함, 고소한 우유 풍미

[먹는 방법] 그대로 먹거나, 굽거나 튀겨 먹는다.

[어울리는 음료] 과일 향이 나는 화이트 와인, 맥주

▲ 올리브유에 구운 할루미를 넣어 만든 지중해식 샐러드

캐러멜 같은 색과 맛. 노르웨이를 대표하는 치즈 노르웨이

예토스트 GJETOST

▲ 일본에서는 빨간색 포장지로 캐러멜과 같이 포장하여 '스키 퀸(Ski Queen)'이라는 제품명으로 예토스트를 판매하고 있다.

노르웨이어로 예(Gjet)는 염소, 오스트(Ost)는 치즈를 의미한다. 브루노스트(갈색 치즈)라는 별명을 갖고 있으며 염소유로만 만든 것은 '에크테 예토스트('진짜' 염소 치즈)'라고 부른다.

예토스트는 염소유와 유청, 버터밀크를 섞어 캐러멜처럼 쫀득해질 때까지 졸인 다음 크림을 추가해서 만든다. 그래서 캐러멜처럼 다갈색을 띤다. 농축된 단맛과 짠맛 사이로 신맛도 살짝 느껴져 소금 캐러멜 같기도 하고 땅콩버터 같기도 한 오묘한 맛이 난다. 노르웨이에서는 아침 식사나 간식으로 빵에 얹어서 커피와 함께 먹거나 고기 요리 소스에 섞기도 한다.

▲ 우유로만 만든 예토스트도 있다.

DATA

[원산지] 노르웨이

[원유] 염소유, 우유 **[사이즈]** 250g

[풍미] 단맛과 짠맛, 신맛과 함께 쫀득쫀득한 식감

[먹는 방법] 그대로 먹거나 빵, 와플 등에 얹어 먹는다.

[어울리는 음료] 커피, 풀보디 레드 와인

새하얗고 부드러우며 달콤함이 은은하게 퍼지는 치즈

프랑스

브로슈 BROCCIU

▲ 갓 만든 브로슈는 식감이 마치 두부 같다. 신선도가 중요해서 만든 후 48시간 이내에 출하한다.

브로슈의 원산지는 지중해에 떠 있는 코르시카섬이다. 이 섬은 통칭 '밀레 드 보떼(아름다운 섬)'라고 불리며 나폴레옹의 고향으로도 유명하다. 치즈를 만들고 남은 유청으로 만드는 브로슈는 두부 같은 식감에 진한 맛이 난다. 시간이 지나면 수분이 빠져서 질감이 단단해지므로 신선도가 대단히 중요한 치즈다.

현지에서도 갓 만든 브로슈는 좀처럼 찾아보기 힘든 '귀한 치즈'로 나폴레옹의 어머니가 갓 만든 브로슈를 아들에게 먹이려고 코르시카섬의 염소을 파리까지 데리고 가서 브로슈를 만들게 했다는 일화도 남아 있을 정도다.

DATA

[원산지] 프랑스 남부

[원유] 양유, 염소유 **[사이즈]** 250g~3kg

[풍미] 우유의 단맛과 촉촉한 식감

[먹는 방법] 그대로 먹거나 샐러드, 오믈렛, 치즈케이크에 넣어 먹는다.

[어울리는 음료] 화이트 와인

▲ 브로슈와 햄을 넣어 만든 오믈렛.
신선한 토마토를 곁들이면 아침 식사로 그만이다.

순한맛, 지방 함량이 적고 건강에 좋은 치즈 프랑스 벨기에

프로마쥬 블랑 FROMAGE BLANC

▲ 프로마쥬 블랑. 신선한 치즈란 의미의 '프로마쥬 프레'라고도 불린다.

크림처럼 부드러운 유백색의 프로마쥬 블랑은 '하얀 치즈'라는 의미다. 지방 함량은 제품에 따라 다르지만 0~40퍼센트 사이로 요거트보다 덜 시큼하고 크림치즈보다 가벼우며 생크림보다 담백하다. 맛과 향이 순해서 잼이나 꿀만 올려도 디저트로 즐길 수 있다. 보통 500그램짜리 플라스틱 용기에 담아 판매하지만 업소용은 5킬로그램들이 양동이에 들어 있다.

부드러운 바뛰 타입과 이중용기에 담겨 있고 안쪽 용기에는 유청이 빠질 수 있게 구멍이 뚫려 있는 캉파뉴 타입이 있다. 캉파뉴 타입은 식감이 두부처럼 조금 퍼석퍼석하지만 원조의 맛을 느끼고 싶다면 꼭 한 번 맛보면 좋다.

DATA

[원산지] 프랑스, 벨기에 외

[원유] 우유

[풍미] 적당히 짭조름하면서 진하고 부드러운 맛

[먹는 방법] 그대로 먹거나 꿀이나 잼을 곁들여 먹거나 디핑 소스로 만들어 먹는다.

[어울리는 음료] 보졸레 누보, 드라이 로제 와인

▲ 프로마쥬 블랑에 소금과 후추, 잘게 다진 허브를 섞어 만든 디핑 소스

유산균을 발효한 제조법, 산미가 살아 있는 치즈

크박 QUARK

▲ 프로마쥬 블랑처럼 하얗고 신선하며 부드러운 크박

DATA

[원산지] 독일 외

[원유] 우유

[풍미] 연하고 부드러운 질감과 요거트처럼 상큼한 맛

[먹는 방법] 그대로 먹거나, 샐러드에 넣거나, 잼이나 꿀과 함께 빵에 발라 먹는다.

[어울리는 음료] 화이트 와인, 커피

크박은 유단백질이 응고할 때까지 데운 후 유청을 걸러서 만드는 프레시 타입 치즈다. 고형분 중 지방 함량에 따라 명칭이 달라지는데 건강식품으로 인기 있는 무지방은 마거크박, 지방 함량이 20퍼센트인 일반적인 제품은 크박, 베이킹용으로 쓰이는 지방 함량 40퍼센트짜리는 자네크박이라고 부른다.

전통적인 크박 제조법에서는 우유를 응고시킬 때 렌넷이 아니라 구연산을 사용한다. 그래서 예전에는 지금보다 신맛이 강했지만 요즘은 보통 렌넷을 사용해서 부드러운 산미가 난다. 빵에 발라 먹거나 잼이나 꿀, 과일을 곁들여 먹어도 맛있게 즐길 수 있다.

◀ 신선한 크박과 토마토, 허브를 크래커에 얹는다.

숙성 상태에 따라 여러 얼굴을 지닌 치즈

생마르슬랭 SAINT-MARCELLIN

▲ 코코트(cocotte)라는 도자기 재질 그릇에 담긴 생마르슬랭 아피네

혀에 닿으면 사르르 녹는 식감이 매력인 생마르슬랭은 신선할 때부터 숙성될 때까지 다양하게 즐길 수 있는 치즈로 새하얀 속살과 부드러운 맛이 특징이다.

겨울이면 미스트랄이 세차게 휘몰아치는 도피네 지방에서는 오랜 옛날부터 염소을 길렀다. 19세기에 철도가 개통되어 미식의 도시 리옹에서 판매되면서 수요가 증가했고 염소유에 우유를 추가하다가 결국 우유로만 제조하게 되었다. 그런데 우유로 만든 생마르슬랭은 숙성되면 수분이 빠지면서 딱딱해지고 쓴맛이 난다. 그래서 리옹의 치즈장인(Cheesemonger) 르네 리샤르는 습도가 높은 숙성고에서 끈적끈적하게 숙성시키는 방법을 고안했고, 이 방식으로 숙성한 '생마르슬랭 아피네'는 미슐랭 가이드 최고 등급인 별 세 개를 50년 넘게 보유한 폴 보퀴즈 레스토랑의 치즈 플레이트에 선보이면서 순식간에 유명해졌다.

◀ 바게트 사이에 발라 오븐에 구워도 맛이 좋다.

DATA

[원산지] 프랑스 남동부

[원유] 우유 **사이즈** 80g

[풍미] 크림처럼 부드러운 식감과 순한 맛

[먹는 방법] 그대로 먹거나 빵에 발라서 먹는다.

[어울리는 음료] 과일 향이 나는 레드 와인, 화이트 와인

전 세계인의 입맛을 사로잡은 식감과 풍미

크림치즈 CREAM CHEESE

▲호박 풍미가 가득한 호박빵에 크림치즈를 곁들인다.

부드럽고 감미로운 크림치즈는 크림에 우유나 크림을 추가해 만든 프레시 타입 치즈로, 유산균이 발효하면서 생긴 은은한 산미와 유지방의 풍성한 맛이 특징이다.

처음 만들어진 시기와 원산지는 정확하지 않지만 1872년에 뉴욕의 유제품 가공업자 윌리엄 로렌스가 프랑스의 뇌샤뗄 치즈에서 아이디어를 얻어 제조 과정에 크림을 추가해 네모난 형태로 만들면서 본격적으로 제조되기 시작했다고 여겨진다. 현재 크림치즈는 전 세계에서 생산된다. 기본 제조 방식은 동일하지만 브랜드마다 맛과 풍미가 다르며 건과일이나 견과류 등을 섞어 만든 제품도 있다.

DATA

[원산지] 미국 외 **[원유]** 우유

[풍미] 부드러운 식감, 유산균이 발효되면서 생긴 산미

[먹는 방법] 빵이나 베이글에 발라 먹거나 치즈케이크의 재료로 활용한다.

[어울리는 음료] 가벼운 화이트 와인이나 로제, 시드르, 커피, 홍차 등

▲크림치즈를 연어로 말아서 만든 초밥. 그 이름도 '필라델피아롤'이다.

쉽고 간편한 제조법으로 만드는 담백한 치즈 영국 네덜란드

코티지치즈 COTTAGE CHEESE

▲ 코티지치즈의 칼로리는 가공 치즈나 까망베르 치즈의 3분의 1 정도밖에 되지 않는다.

코티지치즈는 탈지유나 탈지분유에 유산균과 효소를 넣어 만드는, 숙성시키지 않는 타입의 치즈다. 쉽고 간편하게 제조할 수 있어서 옛날부터 일반 가정에서도 자주 만들어 먹었다.

단백질이 풍부하면서도 지방 함량과 칼로리가 낮아서 건강식품으로도 인기가 높다. 겉보기에는 리코타와 비슷하지만 유청을 원료로 하는 리코타와 달리 탈지유가 원료인 코티지치즈는 더 담백하다. 입 안 가득 신선한 맛이 퍼지므로 샐러드에 넣어도 잘 어울리고, 꿀이나 잼을 곁들여 간단한 디저트로 먹어도 좋다. 고운체에 거른 코티지치즈는 치즈케이크 등의 베이킹용으로도 적합하다.

DATA

[원산지] 영국, 네덜란드 외

[원유] 우유

[풍미] 지방이 적고 산뜻한 맛

[먹는 방법] 그대로 먹거나 샐러드, 치즈케이크 등의 재료로 활용한다.

[어울리는 음료] 가벼운 화이트 와인이나 로제 와인, 커피, 홍차

▶ 시리얼, 과일 등과 함께 푸짐하게 담는다.

표주박 모양의 카치오카발로는
끈에 매달아둔 상태로 판매되는 경우도 많다.

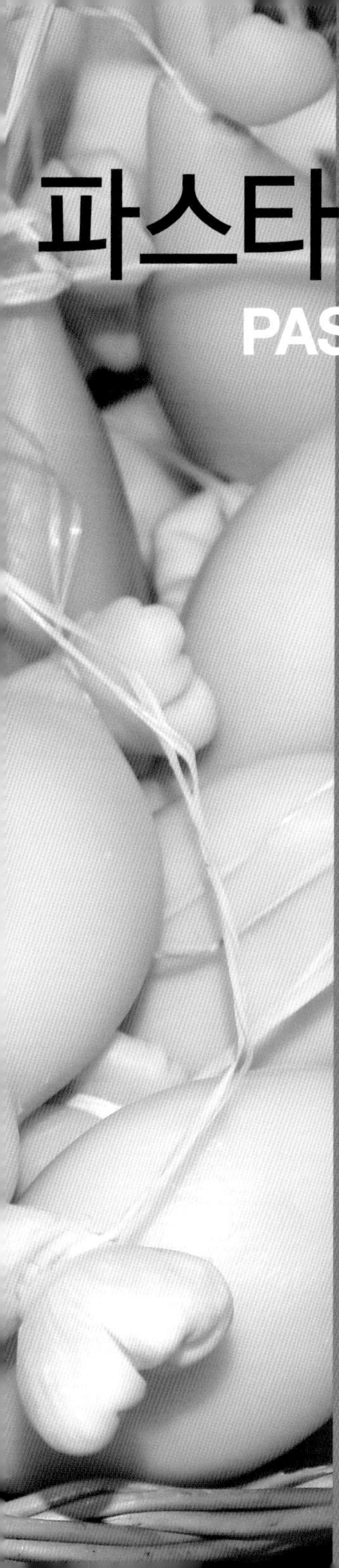

파스타 필라타 치즈

PASTA FILATA CHEESE

이탈리아어로 파스타 필라타란
'섬유상 조직을 가진 반죽'이라는 의미로
실처럼 길게 찢어지고 먹으면 쫄깃쫄깃하다.
가열하면 쭉쭉 늘어나서
어른 아이 할 것 없이 누구에게나
사랑받는 인기 만점 치즈다.

MARIAGE
맛있는 조합

FRUIT

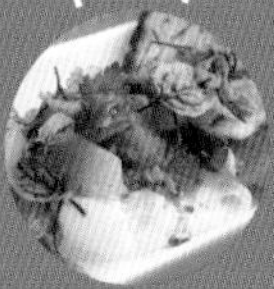

신선한 우유의 달콤한 풍미가 있어서 어떤 과일과도 잘 어울린다. 샐러드나 애피타이저, 디저트 등 다양하게 즐길 수 있다.

BREAD

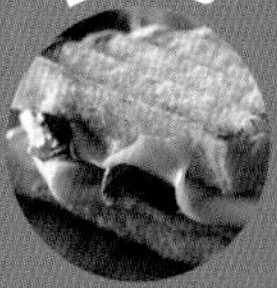

가열하면 쫄깃쫄깃한 탄력이 생겨서 잘 늘어난다. 피자뿐 아니라 달콤하고 부드러운 빵, 재료 본연의 맛을 살린 심플한 빵 등 어떤 빵과도 잘 어울린다.

WINE

우유의 은은한 단맛이 나는 파스타 필라타 치즈는 향이 강한 레드 와인, 화이트 와인은 물론 스파클링 와인이나 맥주 등 다양한 술과 궁합이 잘 맞는다.

탄력 있는 특유의 식감, 은은한 우유 풍미

프로볼로네 발파다나
PROVOLONE VALPADANA

▲ 살라미 모양, 서양배 모양 등 독특한 형태가 이목을 끄는 프로볼로네 발파다나

DATA

[원산지] 이탈리아 북부

[원유] 우유 **[사이즈]** 500g~100kg

[풍미] 숙성 초기에는 크림처럼 부드럽고 순한 맛이 나며, 숙성할수록 단단해지고 짠맛이 강해진다.

[먹는 방법] 그대로 먹거나 파스타나 그라탱에 넣어 먹는다.

[어울리는 음료] 향이 강한 화이트 와인, 레드 와인

프로볼로네는 나폴리 사투리로 공(ball)을 의미하는 프로볼라(Provola)에서 유래했다. 유래된 남이탈리아에서 한참 떨어진 북이탈리아 파다나 평야에서 생산하게 된 까닭은 이탈리아가 통일되면서 남북 교류가 용이해지자 남이탈리아 투자가들이 파스타 필라타 기술을 유입해 왔기 때문이다. 그 후부터 이탈리아 각지에서 파스타 필라타 타입 치즈를 제조하게 되었다.

원래는 서양배 모양이었지만 살라미 모양, 멜론 모양, 표주박 모양 등 독특한 형태로 만들며 크기도 500그램에서 100킬로그램까지 다양하다. 쫄깃한 식감과 은은한 우유 풍미가 특징이며 잘 늘어나므로 파스타나 그라탱 등에 넣어 오븐에 구워 먹는다.

◀ 신선한 시금치, 토마토, 칠면조와 프로볼로네 발파다나를 넣어 만든 파니니

올리브유나 토마토소스와 잘 어울리고 연한 맛과 쫄깃한 질감

모짜렐라 MOZZARELLA

▲ 파스타 필라타 타입 치즈인 모짜렐라는 신선함이 생명이다.

모짜렐라는 피자가 널리 보급되면서부터 전 세계에서 만들어지게 되었다. 원래 모짜렐라는 물소유로 만들었고 우유로 만든 '모짜렐라는 피오르 디 라테(우유의 꽃)'라고 불렀지만 지금은 우유로 만드는 게 일반적이다.

20세기 후반부터는 북이탈리아에 있는 공장에서 대량으로 생산하기 시작했고 미국과 독일에서도 많이 생산한다. 생모짜렐라는 컵이나 비닐에 유즙과 함께 포장하지만 피자용 모짜렐라는 보통 수분을 빼서 만든다.

표면은 매끄럽고 윤기가 돌며, 열을 가하면 실처럼 쭉쭉 늘어나는 특징이 있다. 은은한 산미와 옅은 단맛이 있는 담백한 치즈다. 카프레제 샐러드나 마르게리타 피자와 가장 잘 어울린다.

DATA

[원산지] 이탈리아

[원유] 우유

[풍미] 탄력적인 식감과 산뜻하고 깔끔한 단맛

[먹는 방법] 그대로 먹거나 피자, 샐러드 등에 넣어 먹는다.

[어울리는 음료] 가벼운 화이트 와인이나 로제 와인, 스파클링 와인

▲ 모짜렐라의 풍미를 한껏 즐길 수 있는 카프레제 샐러드

유지방 함량이 높고 신선하고 진한 물소유 풍미

모짜렐라 디 부팔라 캄파나

MOZZARELLA DI BUFALA CAMPANA

▲ 본고장 이탈리아에서도 고급 식재료로 꼽히는 모짜렐라 디 부팔라 캄파나

DATA

[원산지] 이탈리아 중 · 남부

[원유] 물소유

[사이즈] 20~800g

[풍미] 촉촉하고 은은한 산미와 물소유의 단맛

[먹는 방법] 그대로 먹거나 피자, 토스트, 오믈렛에 넣어 먹는다.

[어울리는 음료] 화이트 와인, 레드 와인

모짜렐라 마을

이탈리아 반도 남서부의 티레니아해와 마주한 캄파니아주는 고대 로마 유적지인 폼페이나 에르콜라노, 아름다운 카프리섬이나 아말피 해안 등 다양한 시대의 유적지와 세계문화유산으로 등록된 절경이 펼쳐진 지역이다.

캄파니아주에서도 특히 모짜렐라를 많이 생산하는 곳은 살레르노현이다. 살레르노에서 그리 멀지 않은 카파초는 모짜렐라 마을이라고 불리는데, 갓 만든 모짜렐라는 물론 물소유로 만든 요구르트나 젤라토를 맛보려는 관광객의 발길이 끊이지 않는다. 기원전 6세기에 고대 그리스의 식민 도시로 건설된 파이스툼 유적도 빼놓을 수 없는 볼거리다.

▶ 아름다운 항만 도시 살레르노

모짜렐라 디 부팔라 캄파나의 '디 부팔라(Di Bufala)'는 '물소의'라는 의미이며 이름 그대로 물소유로 만든 모짜렐라다. 원산지인 남이탈리아 캄파니아주의 습지에는 물소가 서식한다. 물소는 더위에 약한데 지금은 예전만큼 습지대가 많지 않아서 인공 수영장에 들어가 체온을 조절한다. 일반 소에 비해 산유량이 적은 물소를 고집하는 까닭은 지방 함량이 높고 맛이 진하며 고급스러운 단맛이 있기 때문이다. 단백질과 지방 함량이 높은 물소유에서만 느낄 수 있는 깊고 진한 맛은 먹는 이들의 마음을 송두리째 사로잡는다.

모짜렐라라는 이름은 '잡아 찢다'라는 의미를 가진 모차레(mozzare)에서 유래했다. 치즈를 제조할 때 떡처럼 길게 늘어나는 치즈를 잡아 뜯는 모습에서 붙여진 이름이다. 우유로 만든 모짜렐라보다 더 하얗고 매끄러운 반죽을 하나로 뭉친 다음 조금씩 잡아 뜯으면서 형태를 만든다. 마지막에 소금물에 담가 굳히면 완성이다. 예전에는 두 사람이 짝을 이뤄 수작업으로 제조했지만 지금은 기계화되었다. 예전에는 현지에서만 소비되었으나 냉장수송 기술이 발달하면서 전 세계 어디서나 모짜렐라를 먹을 수 있게 되었다.

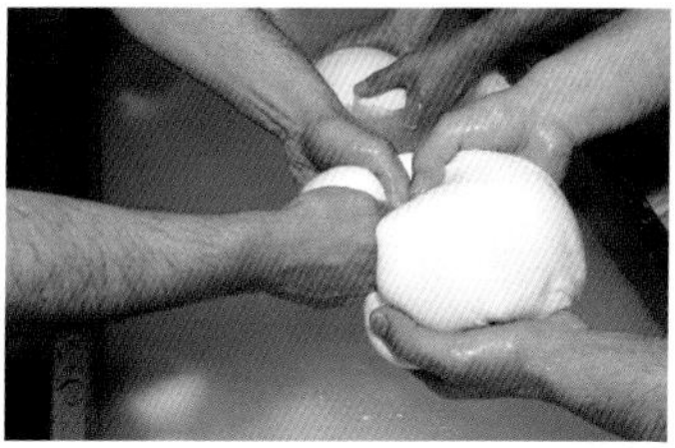

▲ 모짜렐라도 잡아당겨 성형한다.

RECIPE

얇게 썰었을 때 나는 풍미

▲ 얇게 썰어서 그대로 먹으면 특유의 탄력적인 식감과 신선하고 달콤한 물소유 풍미를 한껏 즐길 수 있다.

풍부한 물소유 맛을 즐기고 싶다면 신선할 때 얇게 썰어서 그대로 먹는다. 올리브유와 소금, 후추, 허브를 뿌려서 먹어도 좋다. 모짜렐라 스틱은 갓 만들었을 때는 물론 식어도 맛있다.

어떤 소스와도 궁합이 잘 맞지만 라즈베리 소스를 곁들이면 모짜렐라 디 부팔라의 부드러움과 라즈베리의 새콤달콤함이 조화를 이뤄 한번 먹으면 자꾸만 생각날 정도다.

▶ 따끈따끈한 모짜렐라 디 부팔라가 녹아내리는 모짜렐라 스틱

모짜렐라 안에 생크림을 품은 부드러운 치즈

부라타 BURRATA

▲ 부라타를 잘라서 벌리면 안에서 진한 생크림이 주르륵 흘러나온다.

DATA

[원산지] 이탈리아 남부

[원유] 물소유

[풍미] 크림처럼 부드럽고 버터처럼 진한 풍미

[먹는 방법] 그대로 먹거나 샐러드 등에 넣어 먹는다.

[어울리는 음료] 과일 향이 나는 화이트 와인, 스파클링 와인

몬테성

부라타가 탄생한 풀리아주 안드리아의 중심지에서 무르제 고원이 있는 구릉지로 향하면 시야가 확 트이면서 올리브밭과 포도밭, 목초지가 파노라마처럼 펼쳐진다.

푸르른 대지 위에는 13세기에 로마 제국 황제 프리드리히 2세가 별장이나 손님을 접대할 목적으로 세운 몬테성이 우뚝 솟아 있다. 이 성은 중앙에 팔각형 모양의 안뜰이 있고 팔각형의 각진 부분마다 팔각형 형태의 탑이 세워져 있는 등 팔각형을 상징적으로 도입했다. 프리드리히 2세는 수학과 천문학에 조예가 깊었다고 전해지는데 이 성을 왜 이런 구조로 만들었는지는 수수께끼로 남아 있다.

▶ 언덕 위의 몬테성

이탈리아 중부 풀리아주에서 탄생한 부라타는, 모짜렐라 속에 잘게 자른 모짜렐라와 생크림을 고루 섞어 넣은 후 주머니 모양으로 묶은 독특한 치즈다. 1920년대 풀리아주 안드리아 교외에서 농장을 운영하던 로렌조 비안키노 키에파가 모짜렐라를 만들고 남은 치즈를 효과적으로 사용하기 위해 고안해낸 것이 기원이라고 전해진다.

전통적인 부라타는 백합의 일종인 아스포델 잎에 싸여 있는데, 잎이 마르지 않고 녹색을 띠면 부라타가 신선하다는 증거다. 최근에는 비닐봉지나 플라스틱 용기에 담아 판매하는 경우가 많다.

부라타는 신선도가 생명이지만 냉장고에 보관하면 크림이 굳어서 풍미를 해치므로 구입한 날 바로 먹는 게 가장 좋다. 이탈리아어로 '버터 같은'을 의미하는 이름처럼 생크림의 달콤한 맛과 은은한 산미의 조합이 절묘해서 한 번 먹으면 흠뻑 빠져 버린다.

▶ 아스포델 잎을 본떠 만든 비닐 포장지에 담긴 오늘날의 부라타

RECIPE

약간의 소금만으로도 맛있는 치즈

신선한 부라타는 질 좋은 올리브유와 소금, 갓 간 후추를 뿌리기만 해도 아주 맛있다. 먹기 전에 상온에 잠시 꺼내 두면 녹아내릴 듯한 식감과 우유 풍미를 한층 더 끌어올릴 수 있다.

과일이나 숙성 햄, 굴과도 잘 어울리므로 샐러드와 에피타이저, 디저트 등으로 다양하게 연출할 수 있다.

▲ 부라타에 올리브유와 소금, 후추, 취향에 맞는 허브를 뿌린다.

◀ 부라타에 자몽과 어린잎 채소를 얹은 샐러드

모짜렐라보다 더 부드러운 치즈

스카모르짜 SCAMORZA

▲ 끈으로 묶은 후 매달아서 건조시키므로 서양배 같은 모양을 띤다.

▲ 그릴에 구운 제철 채소와 스카모르짜

DATA

[원산지] 이탈리아 남부

[원유] 우유 **[사이즈]** 280g

[풍미] 적당한 짠맛과 신맛, 우유의 단맛

[먹는 방법] 그대로 먹거나 피자, 토스트, 그라탱에 넣어 먹는다.

[어울리는 음료] 화이트 와인, 맥주

스카모르짜는 '끝을 베다'라는 의미를 가진 서양배 모양의 치즈다. 속살은 유백색이고 맛이 담백해서 다른 치즈나 식재료와 조화를 잘 이루므로 피자나 그라탱 등의 요리에도 적합하다. 조직에 탄력이 있어 마치 수분을 뺀 모짜렐라 같다.

산뜻한 신맛과 적당한 짠맛이 있어서 향신료나 허브만 곁들여도 맛있게 즐길 수 있다. 훈제한 '스카모르짜 아푸미카타'는 훈제 향과 더불어 섬세하고 감미로운 맛이 난다. 프라이팬에 굽거나 돼지고기로 감아서 석쇠에 굽는 등 다양한 방법으로 즐길 수 있다. 와인뿐만 아니라 맥주와도 잘 어울린다.

속살이 희고 단단하며 매끄러운 치즈

카치오카발로 실라노

CACIOCAVALLO SILANO

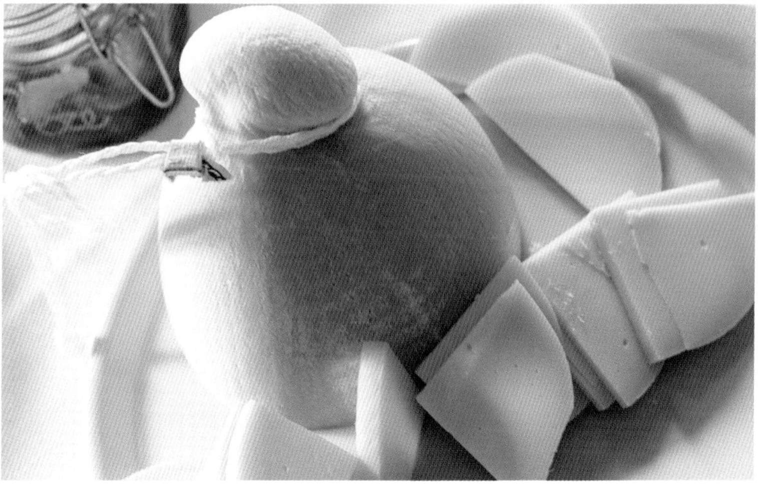

▲ 표주박 모양을 한 개성 만점의 카치오카발로

DATA

[원산지] 이탈리아 남부

[원유] 우유 **[사이즈]** 1~3kg

[풍미] 적당한 짠맛, 우유의 고소한 맛과 단맛

[먹는 방법] 그대로 먹거나 구워서 올리브유 등을 뿌려 먹는다.

[어울리는 음료] 레드 와인, 화이트 와인

▲ 구워 먹으면 겉은 바삭하고 속은 사르르 녹아내리는 식감을 즐길 수 있다.

카치오카발로는 남이탈리아에서 전통적인 역사를 가진 표주박 모양의 치즈다. 문헌에 이름이 처음 등장한 것은 기원전 5세기로 치즈 중에서도 역사가 상당히 길다. 카치오카발로 두 개를 양 끝에 하나씩 매단 끈을 봉에 걸어서 건조, 숙성시킨다. 이 모습이 마치 말에 올라탄 듯 보인다고 해서 '말 치즈'라는 이름이 붙었다고 전해진다. 이탈리아어로 카치오는 '치즈', 카발로는 '말(馬)'이라는 뜻이다.

카치오카발로는 뜨거운 물 속에서 늘였다 접었다 반죽하는 과정을 거치므로 섬유질처럼 세로로 잘 찢어지고 가열하면 잘 늘어나는 성질이 있다. 표면은 크림색이지만 속살은 유백색에 탄력적이며 독특한 향과 잡맛이 없고 우유의 단맛이 응축되어 있다. 숙성될수록 풍미와 산미가 깊어진다.

'치즈의 여왕'
까망베르 치즈

흰곰팡이 치즈
WHITE CHEESE

표면이 흰곰팡이로 뒤덮인 연질 치즈.
크림처럼 순하고 부드러운 종류가 많고
맛과 향이 거부감이 없어서 인기도 높다.
숙성이 깊어질수록
속살이 녹아내릴 듯 부드러워진다.

MARIAGE
맛있는 조합

FRUIT

노르망디는 까망베르의 원산지이며 사과 재배지로도 유명해서 사과와 궁합이 잘 맞는다. 그밖에 포도나 망고, 살구와도 잘 어울린다.

BREAD

부드럽고 깊은 맛이 나는 이 치즈는 호밀빵과 궁합이 아주 좋다. 바게트나 팽 드 캄파뉴와 같은 담백한 빵과도 잘 어울린다.

WINE

담백한 화이트 와인이나 가벼운 레드 와인, 샴페인과 잘 맞는다. 숙성한 치즈나 생크림을 추가한 타입의 치즈라면 묵직한 풀바디 와인과 함께 즐기자.

카를로스 대제와 루이 16세가 즐겨 먹은 치즈의 왕

브리 드 모 BRIE DE MEAUX

▲ 브리 드 모의 우아한 풍미는 흰곰팡이 치즈 중에서도 단연 으뜸으로 꼽힌다.

DATA

[원산지] 프랑스 중앙부

[원유] 우유

[사이즈] 지름 36~37cm, 무게 2.5~3kg

[풍미] 연하고 기품이 느껴지는 맛과 버섯 향

[먹는 방법] 그대로 먹거나 바게트 샌드위치에 넣어 먹는다.

[어울리는 음료] 레드 와인, 샴페인

치즈의 고향 '모' 마을

파리를 중심으로 반경 약 150킬로미터 사방으로 펼쳐진 일드프랑스 지역의 동쪽에 위치한 브리 지방은 도회지인 파리와 달리 남북으로 센강과 마른강이 흐르는 한가롭고 자연이 풍부한 목초 지대다. 브리 드 모가 탄생한 모는 중세 이래 1천 년의 오랜 역사를 가진 마을로, 마을 한가운데에는 고딕 양식으로 지어진 대성당이 우뚝 솟아 있다.

모 마을은 치즈뿐 아니라 전통 제조 방식으로 만든 머스터드도 유명하다. 그래서 모 마을의 치즈 가게에서는 브리 치즈 사이에 홀그레인 머스터드를 넣은 치즈도 판매한다.

▶ 생테티엔 대성당

'치즈의 왕'이라 불리는 브리 드 모는 일드프랑스 지역의 모 마을에서 탄생했으며 지름은 37센티미터이지만 두께는 고작 3센티미터밖에 안 되는 원반형 치즈다.

브리 드 모의 역사는 상당히 길어서 8세기 프랑스 황제인 카를로스 대제와 18세기 프랑스 왕인 루이 16세도 즐겨 먹었다고 전해진다. 브리 드 모에 치즈의 왕이라는 별명이 붙은 발단은 1815년 6월에 열린 빈 회의 때였다. 회의 중간에 휴식 삼아 각국 치즈를 시식하며 치즈의 왕좌를 가리는 품평회가 열렸는데 브리 드 모가 당당히 1위에 오른 것이다.

브리 드 모는 브리 드 믈렁, 꿀로미에와 함께 '브리 삼형제'라고 불린다. 그중에서도 브리 드 모는 흰곰팡이 치즈를 통틀어 가장 인기가 높다. 파리 교외에 있는 모 마을의 이름이 붙어 있지만 현재 생산 중심지는 모에서 동쪽으로 약 200킬로미터 떨어진 뫼즈현이다.

브리 치즈는 맛이 우아하고 풍미가 깊어서 한국인이나 일본인 입맛에도 잘 맞지만 개성이 풍부한 브리 삼형제를 비교해 가며 먹는 것도 브리를 즐기는 좋은 방법이다.

▲브리 드 모를 틀에 담는 일은 수작업으로 이루어진다.

RECIPE

본연의 맛을 살리는 크래커

브리 드 모의 본연의 맛을 느끼고 싶다면 크래커나 바게트에 얹어서 먹는 게 가장 좋다. 숙성한 지 얼마 안 됐을 때는 크루아상과도 잘 어울린다.

맛이 연하고 부드러워서 엔초비나 살라미, 햄과 조합해도 맛있게 즐길 수 있다. 까망베르 튀김이 유명하지만 브리 드 모 튀김도 일품이다. 이때 소스보다는 새콤달콤한 잼을 곁들이자.

▲브리 드 모와 숙성 햄을 넣은 크루아상 샌드위치

◀브리 드 모를 얹은 팽 드 캄파뉴, 샴페인과 찰떡궁합을 이룬다.

프랑스 정부에서 인정한 까망베르의 원조

프랑스

까망베르 드 노르망디

CAMEMBERT DE NORMANDIE

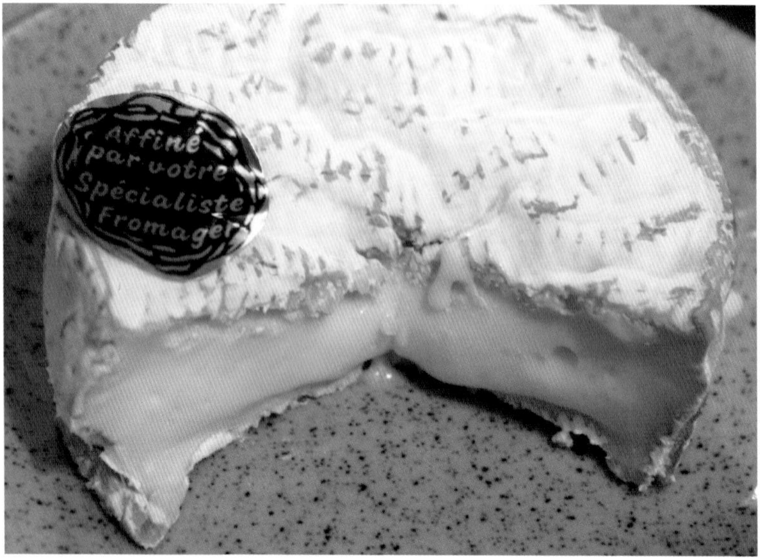

▲ 까망베르의 원조라 불리는 까망베르 드 노르망디

DATA

[원산지] 프랑스 북부

[원유] 우유

[사이즈] 지름 10.5~11cm, 두께 약 3cm, 무게 250g 이상

[풍미] 부드럽고 진한 풍미와 적당한 짠맛

[먹는 방법] 그대로 먹거나 과일에 곁들여 먹거나 가열해서 요리와 함께 먹는다.

[어울리는 음료] 보졸레, 드라이 화이트 와인

이탈리아 롬바르디아주

북프랑스 노르망디 지역의 기후는 포도 재배에 적합하지 않다. 그래서 오래전부터 사과를 재배했고 시드르(Cidre) 양조가 활발히 이루어졌다. 시드르는 사과를 압착해 즙을 낸 뒤 발효 과정을 거쳐 만드는 술로, 산미와 단맛이 적당하고 알코올 도수도 낮아서 여성들에게 인기가 많다. 또 와인을 증류하면 브랜디가 되는 것처럼 시드르를 증류하면 칼바도스가 된다.

노르망디산 까망베르는 같은 고장에서 만든 시드르와 최고의 궁합을 이룬다. 사과에서 나오는 새콤달콤한 맛이 까망베르의 풍미를 돋우고 입 안도 깔끔하게 정리해 준다. 노르망디이기에 가능한 마리아주다.

▲ 황금빛의 시드르

까망베르 드 노르망디는 부드러운 맛으로 전 세계에서 사랑받는 까망베르의 원조격 치즈다. 원래 까망베르는 18세기부터 프랑스 노르망디 지방의 까망베르 마을에서 만들었는데, 1890년에 멀리까지 수송할 수 있는 나무 상자가 개발되면서 세계 각지로 퍼져 나갔다.

그런데 AOC 취득이 늦어지는 바람에 세계 각지에서 까망베르를 모방하고 말았다. 그래서 1983년 AOC를 취득할 때 노르망디에서 생산된 살균 처리하지 않은 생유로 노르망디에서 제조한 까망베르만 '까망베르 드 노르망디'라는 명칭을 쓸 수 있도록 제한했다.

까망베르는 거부감 없이 먹을 수 있는 치즈로 유명하지만 까망베르의 원조인 까망베르 드 노르망디는 향취가 강하다. 숙성 초기에도 맛과 풍미가 깊고 진하지만 숙성이 진행될수록 속살이 크림처럼 야들야들해지고 향도 더욱 강해진다. 노르망디산 시드르와 궁합이 잘 맞고 오르되브르(애피타이저)로 사과와 함께 먹는 경우도 많다.

▲ 노르망디 지방 전통 품종인 노르망디 소

RECIPE

달콤한 맛과 어우러지는 타르틴

▲ 까망베르와 사과, 캐러멜라이즈한 견과류로 만든 타르틴

까망베르로 근사한 요리를 만들어 손님을 대접하고 싶다면 타르틴(프랑스식 오픈 샌드위치)이 제격이다. 바게트나 기다란 프랑스빵을 잘라 노릇노릇하게 구운 후 까망베르와 함께 좋아하는 과일이나 채소를 얹기만 하면 완성이다.

까망베르는 과일의 달콤한 맛과 잘 어우러진다. 특히 신맛과 단맛이 진한 망고와 환상의 궁합을 자랑한다. 좋아하는 재료를 넣어 입맛에 맞게 이리저리 응용해 보자.

▶ 까망베르를 전용 용기인 크로슈 아 까망베르에 넣고 60~90초 정도 전자레인지에 돌리기만 하면 간단한 퐁듀가 완성된다.

치즈의 여왕이라 불리는 흰곰팡이 치즈

까망베르 CAMEMBERT

▲ 세상에서 가장 유명한 치즈인 까망베르

DATA

[원산지] 프랑스

[원유] 우유

[풍미] 크림처럼 부드럽고 순한 풍미

[먹는 방법] 그대로 먹거나 바게트에 얹어 먹는다.

[어울리는 음료] 레드 와인, 시드르

◀ 까망베르 샌드위치

흰곰팡이 치즈를 대표하는 까망베르의 원조는 살균하지 않은 생유로 만든 까망베르 드 노르망디지만 대량 생산되는 쪽은 살균한 우유로 만든 까망베르다. 까망베르는 맛이 순하고 크림처럼 부드러워서 모든 이에게 사랑받는다.

우유가 많이 생산되는 노르망디 지방에는 대형 유제품 제조사가 많아서 살균 우유로 만든 까망베르는 간식이나 기내식으로도 제공된다. 보통 250그램짜리 까망베르를 여덟 조각으로 개별 포장한 제품이 많다. 한국과 일본에서는 주로 살균 우유로 만든 까망베르가 유통되는데, 유해 세균이나 미생물 등이 살균되어 유통기한이 길고 풍미가 약해서 부담 없이 먹을 수 있다.

숙성할수록 깊고 진해지는 치즈

꿀로미에 COULOMMIERS

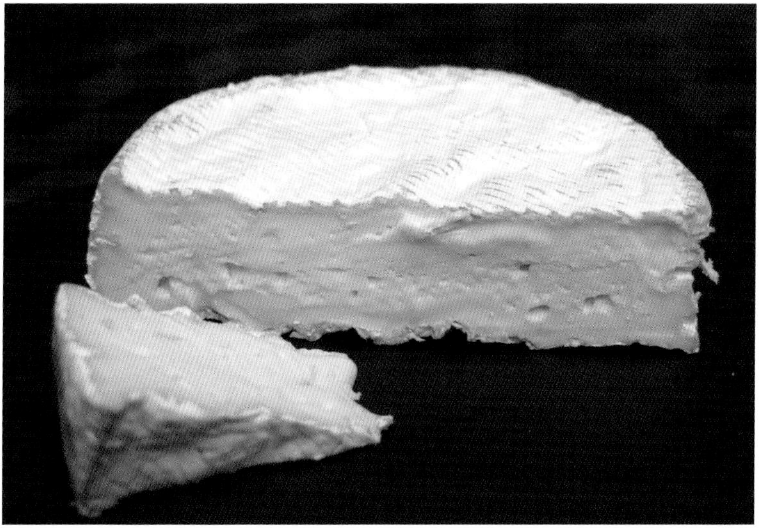

▲ 무살균 우유로 만든 꿀로미에. 알맞게 숙성된 꿀로미에는 역시 브리 드 모의 형제답다.

브리 삼형제의 막내라고도 불리는 꿀로미에는 파리 교외의 꿀로미에 마을에서 탄생했다. 브리 치즈의 원산지인 이 마을에서는 일요일 아침마다 장이 열리는데, 온갖 종류의 브리가 한자리에 모이는 것으로도 유명하다.

AOC 인증을 받지 않은 꿀로미에는 살균 우유로 만든 종류와 무살균 우유로 만든 종류가 있는데 각각 풍미가 다르다. 살균 우유로 만든 꿀로미에는 순하고 담백해서 흰곰팡이 특유의 풍미에 익숙하지 않은 사람도 거부감 없이 먹을 수 있다. 한편 무살균 우유로 만든 꿀로미에는 향취가 진하고 나무 열매 같은 향이 난다. 살균 우유로 만든 꿀로미에가 많이 유통되지만 진한 향과 맛을 즐기고 싶다면 무살균 우유로 만든 제품을 추천한다.

▲ 호밀빵에 얇게 썬 꿀로미에와 무화과를 얹어 먹는다.

DATA

[원산지] 프랑스 북부

[원유] 우유

[사이즈] 지름 12.5~15cm, 두께 3~4cm, 무게 400~500g

[풍미] 깊은 풍미와 나무 열매 같은 향

[먹는 방법] 그대로 먹거나 빵에 과일과 함께 얹어 먹는다.

[어울리는 음료] 레드 와인

과일처럼 상큼한 산미, 비단처럼 혀에 착 감기는 황홀한 맛

프랑스

샤우르스 CHAOURCE

▲ 샤우르스는 원료인 우유를 24시간 이상 천천히 응고시켜 만든다.

DATA

[원산지] 프랑스, 벨기에 외

[원유] 우유

[사이즈] 대형 지름 11~11.5cm, 무게 약 450~700g

[풍미] 고소한 향과 부드럽고 가벼운 산미

[먹는 방법] 그대로 먹거나 바게트에 얹어 먹는다.

[어울리는 음료] 샴페인, 화이트 와인, 로제 와인

▲ 샤우르스와 샴페인은 최고의 마리아주다. 같은 산지에서 생산되는 화이트 와인 샤블리와도 잘 어울린다.

샤우르스는 프랑스 북동부 샹파뉴 지방이 원산지이며, 12세기 무렵 시토 수도회 소속 퐁티니 수도원에서 탄생한 유서 깊은 치즈다.

농가에서 무살균 우유로 만든 샤우르스는 가벼운 산미와 견과류 같은 풍미가 있다. 표면은 벨벳 같은 흰곰팡이로 뒤덮여 있고 속살은 보들보들해서 입안에 넣으면 사르르 녹아내린다. 샤우르스 라벨에 그려진 고양이와 곰 문양은 샤우르스라는 작은 마을의 문장(紋章)인데, 철자는 다르지만 샤(chat)는 고양이, 우르스(ours)는 곰을 의미한다. 산지가 같은 샹파뉴산 샴페인이나 샤블리와 최고의 궁합을 자랑한다. 차가운 와인과 함께 즐겨 보자.

레드 와인과의 환상적인 조합

뇌샤뗄 NEUFCHATEL

▲ 하트 모양 치즈로 유명하지만 현지에서는 정사각형, 벽돌, 원통 모양의 뇌샤뗄도 볼 수 있다.

뇌샤뗄은 노르망디 지역에서 가장 오래된 치즈로 11세기부터 제조되었다. 14~15세기에 일어난 백년전쟁 때 뇌샤뗄 마을의 여성이 적군인 영국 병사와 사랑에 빠져서 이 치즈를 하트 모양으로 만들어 병사에게 선물했다는 로맨틱한 에피소드가 남아 있다.

뇌샤뗄은 소금을 넣어 반죽하므로 맛이 자극적이지만 최근 들어서는 소금양을 줄여 맛이 순해졌다. 숙성되어 심이 조금 남아 있을 때 가장 맛이 좋다. 형태가 다양하지만 하트 모양의 '쾨르 드 뇌샤뗄'이 대표적인데, 쾨르는 프랑스어로 '하트'를 뜻한다.

▲ 뇌샤뗄과 작은 파이 껍질로 호두를 감싼 볼로방은 속이 빈 파이 껍질 안에 고기나 크림, 과일 등을 채워 넣어 만든 음식이다.

DATA

[원산지] 프랑스 서부 **[원유]** 우유

[사이즈] 여섯 종의 형태
100g: 원통형, 벽돌형, 정사각형
200g: 하트형, 원통형
600g: 하트형

[풍미] 조금 강한 짠맛과 버섯 향

[먹는 방법] 그대로 먹거나 호두나 건포도가 든 빵과 함께 먹는다.

[어울리는 음료] 과일 향이 나는 레드 와인

세계적으로 유명한 흰곰팡이 치즈

브리 드 믈렁 BRIE DE MELUN

▲오랜 시간 숙성시키는 브리 드 믈렁. 숙성될수록 맛과 향이 진해진다.

브리 드 믈렁은 렌넷을 사용하지 않고 산으로만 응고시키므로 다른 흰곰팡이 치즈보다 우유를 응고시키고 숙성시키는 데 시간이 오래 든다. 표면은 적갈색이 섞인 흰곰팡이에 덮여 있으며 속살은 끈적끈적하고 짠맛이 강하다. 은은한 버섯 향과 밀짚 향이 섞인 듯한 프뤼테(Fruite) 향이 미묘하면서도 개성 넘치며 질감은 보들보들하다. 향취와 풍미가 강해서 수많은 마니아의 탄성을 자아내지만 생산하는 데 손이 많이 가서 시장에 나오는 양은 그리 많지 않다.

맛이 강하므로 다른 음식을 곁들이기보다는 와인과 함께 그대로 먹는 게 가장 좋다. 숙성 초기에는 향이 강한 화이트 와인과, 숙성이 진행된 후에는 허브 향이 나는 풀바디 레드 와인과 잘 어울린다.

DATA

[원산지] 프랑스 중앙부

[원유] 우유

[사이즈] 지름 27~28cm, 무게 약 1.5~1.8kg

[풍미] 보드라운 식감과 강한 짠맛

[먹는 방법] 그대로 먹는다.

[어울리는 음료] 떫은맛이 나는 레드 와인, 향이 강한 화이트 와인

▲오랜 시간 정성 들여 숙성시키는 브리 드 믈렁

한 번 맛보면 헤어 나올 수 없는 풍성한 맛

브리야 사바랭

BRILLAT SAVARIN

▲ 솜털처럼 보송보송한 흰곰팡이로 뒤덮인 브리야 사바랭 아피네는 입문자부터 애호가까지 모든 사람의 마음을 사로잡는다. 2017년 1월에 IGP 인증을 받았다.

마치 치즈케이크 같은 맛이 나는 브리야 사바랭은 노르망디 지역이 원산지다. 1890년 무렵 포르주레조 근교에 살던 뒤뷔크 가문에서 처음 만들었으며, 1930년대 들어 파리의 치즈장인 앙리 앙드루에가 미식학의 고전인 『미식 예찬』의 저자 브리야 사바랭의 이름을 붙여 판매하기 시작했다.

우유에 생크림을 추가해 만드는 트리플 크림 타입으로 지방 함량이 높아서 진하고 버터 같은 풍미가 있다. 은은한 산미와 살살 녹는 매끄러운 식감이 특징이다. 20여 년 전까지는 프레시 타입이 유통되었지만 지금은 뽀송뽀송한 흰곰팡이로 뒤덮인 '브리야 사바랭 아피네'가 주류를 이룬다.

DATA

[원산지] 프랑스 북서부

[원유] 우유

[사이즈] 지름 12~13cm, 두께 3.5~4cm, 무게 500g

[풍미] 미끄러질 듯 보들보들한 질감, 농후한 우유 풍미, 은은한 산미

[먹는 방법] 그대로 먹거나 과일이나 잼을 곁들여 먹는다.

[어울리는 음료] 샴페인, 커피, 홍차

▲ 치즈케이크 같은 브리야 사바랭 프레. 과일과 함께 먹거나 잼을 듬뿍 발라 먹는다.

움푹 팬 형태가 특징인
랑그르

워시 치즈
WASH CHEESE

숙성하는 동안 소금물이나
그 지역 술로 표면을 닦아낸다고 해서
붙여진 명칭.
풍미와 향이 독특하고 개성 넘치지만
속살의 맛은 아주 순해서
그 매력에 푹 빠지는 사람도 많다.

MARIAGE
맛있는 조합

FRUIT

서양배나 포도, 키위, 견과류와 잘 어울린다. 샐러리나 치커리 같은 채소에 발라 먹어도 맛있다.

BREAD

살짝 신맛이 나는 단단한 호밀빵과 궁합이 잘 맞는다. 캐러웨이나 커민 등 향신료를 넣은 호밀빵은 워시 치즈의 냄새를 누그러뜨린다.

WINE

개성이 강한 워시 타입은 부르고뉴나 보르도 등 향이 강한 레드 와인과 잘 맞는다. 풀바디 화이트 와인과도 궁합이 아주 좋다.

치즈의 왕, 워시 치즈의 최고봉

프랑스

에뿌아쓰 EPOISSES

▲ 숙성될수록 표면에 윤기가 흐르고 속살은 스푼으로 푹 떠질 만큼 몰랑몰랑해진다.

DATA

[원산지] 프랑스 동부

[원유] 우유

[사이즈] 대형 지름 16.5~19cm, 두께 3~4.5cm, 무게 700g~1.1kg

[풍미] 껍질의 향은 대단히 강렬하지만 속살은 깊은 풍미와 우유의 단맛이 있다.

[먹는 방법] 그대로 디저트로 먹는다.

[어울리는 음료] 레드 와인, 샴페인, 사케

부르고뉴 지방의 중심 도시 디종

끝없이 펼쳐진 포도밭과 완만한 언덕이 이어진 부르고뉴 지방은 보르도와 함께 와인 산지로 유명하다. 세계적으로 명성이 높은 레드 와인은 물론 프랑스 최고급 품종인 샤롤레종 소고기 요리나 에스카르고(식용 달팽이 요리) 등 다양하고 풍성한 음식을 즐길 수 있다는 점도 이 지역의 빼놓을 수 없는 매력이다. 부르고뉴의 중심 도시인 디종은 부르고뉴 공작 궁전이나 생베니뉴대성당 등 문화재도 많아서 역사 보존 지역으로 지정된 유서 깊은 곳이다. '디종 머스터드'라고 불리는 전통 머스터드가 유명하며 프랑스에서 만드는 머스터드의 절반이 디종에서 생산된다.

부르고뉴 공작 궁전 ▶

에뿌아쓰는 17세기의 미식가 브리야 사바랭이 '치즈의 왕'이라고 극찬했으며 나폴레옹이 즐겨 먹은 치즈로도 유명하다. 16세기 초 시토파 수도사가 부르고뉴 지방의 에뿌아쓰 마을에서 만들기 시작했다고 전해지며 '신의 발냄새'에 비유되는 독특한 향이 특징이다.

이 마을은 20세기 두 차례의 세계대전으로 큰 피해를 입었고, 1950년대에는 에뿌아쓰를 생산하는 농가가 두 곳으로 줄면서 에뿌아쓰의 명맥이 끊길 뻔했다. 그러던 터에 치즈 회사 베르토의 초대 회장인 로베르 베르토가 갖은 노력을 다해 소멸의 위기에서 구해냈다.

에뿌아쓰는 와인을 짜고 남은 포도 찌꺼기를 증류해서 만든 오드비 드 마르라는 브랜디를 섞은 소금물로 표면을 닦으면서 4주 정도 숙성시킨다. 숙성이 진행됨에 따라 마르의 비율을 서서히 높이므로 풍미와 향취가 응축되고 속살도 몰랑몰랑해진다. 숙성하면 스푼으로 떠질 정도다. 표면은 여러 차례 세척하면서 조금씩 오렌지빛을 띠게 된다. 부르고뉴산 와인과 잘 어울리지만 사케와도 궁합이 좋다.

▲ 치즈 제조사 베르토가 있는 에뿌아쓰 마을의 에프와스성

RECIPE

스푼으로 떠먹는 풍성한 향과 맛

에뿌아쓰의 속살은 크림처럼 부드럽고 걸쭉해서 스푼으로 떠먹을 수 있다. 진한 우유 풍미와 달콤한 맛을 즐기려면 그대로 먹는 게 가장 좋다. 프랑스에서는 향신료가 듬뿍 들어간 빵데피스(호밀가루와 꿀 등을 넣은 빵 반죽에 향신료를 넣어 직사각형으로 구워낸 프랑스빵) 등과 함께 먹는다. 얇게 썬 캄파뉴나 바게트 위에 듬뿍 올려서 살짝 구워 먹어도 맛있다.

▲ 에뿌아스를 얹은 빵데피스에 향신료 타임을 뿌린다.

◀ 반죽 사이에 치즈를 넣고 바삭하게 구운 메밀 갈레이. 메밀가루로 만든 반죽을 팬에 얇게 부친 뒤 달걀, 베이컨, 채소 등 재료를 추가해서 먹는다.

노르망디 지역에서 역사가 가장 긴 치즈

프랑스

폼레베크 PONT-L'EVEQUE

▲쫀득쫀득 탄력 있는 퐁레베크. 껍질은 조금 단단하므로 벗겨내고 먹어도 좋다.

DATA

[원산지] 프랑스 서부

[원유] 우유

[사이즈] 네 가지 사이즈

그랑 퐁레베크: 가로세로 20cm, 무게 1.2kg
퐁 퐁레베크: 가로세로 11cm, 350g
프티 퐁레베크: 가로세로 9cm, 무게 200g
드미 퐁레베크: 가로11cm, 세로5.5cm, 무게 180g

[풍미] 부드럽고 진한 우유 풍미

[먹는 방법] 그대로 먹거나 빵, 그라탱에 넣어 먹는다.

[어울리는 음료] 향이 강한 레드 와인, 시드르

식재료가 풍성한 노르망디 지역

노르망디는 프랑스 북서부 영국 해협과 마주한 지역이다. 서쪽 생말로만에는 '서양의 경이로움'이라고 불리는 몽생미셸 수도원이 있어서 전 세계 관광객의 발길이 끊이지 않는다.

기후가 온난하고 목초가 잘 자라 낙농업이 발달했으며 프랑스의 소고기와 낙농 제품 25퍼센트가 노르망디 지역에서 생산된다.

특산물로는 발포성 사과주인 시드르와 시드르를 증류해서 만든 칼바도스, 그리고 서대, 가리비, 홍합, 굴 등의 해산물이 유명하다. 특히 '노르망디 소스'를 넣은 홍합 요리는 맛이 일품이다.

▲노르망디의 해산물

퐁레베크는 노르망디에서 가장 오래된 역사와 전통을 자랑하는 치즈로 정사각형, 직사각형 등 총 네 가지 크기의 네모난 형태가 특징이다. 퐁레베크의 기원은 12세기 무렵 영국 해협과 마주한 도빌 마을의 수도원에서 탄생한 '앙줄로(Angelot)'라는 치즈다. 당시에는 리바로도 앙줄로라고 불렸지만 각각 다른 치즈로 발전했다. 15세기 무렵부터 생산 중심지인 퐁레베크 마을의 이름을 따서 퐁레베크라고 부르게 되었다. 퐁레베크란 프랑스어로 '주교의 다리(橋)'라는 뜻이다. AOP에서는 세척 방법을 엄격하게 규정하지 않아서 생산자에 따라 미묘하게 향이 다르므로 취향에 맞는 퐁레베크를 찾아내는 재미가 있다.

소금물로 씻어내는 워시 타입이어서 표피의 향은 자극적이지만 속살은 순하고 부드럽다. 풍미도 깊어서 숙성한 지 얼마 안 됐을 때부터 완전히 숙성됐을 때까지 다양하게 즐길 수 있다. 20세기 후반부터는 순하고 먹기 편하게 만드는 경향이 있다. 특히 갓 숙성한 것은 향과 짠맛이 약해서 입문자가 먹기에 적합하다. 풍미가 강한 전통 퐁레베크를 맛보고 싶다면 농가에서 만든 제품을 선택하자.

▲ 프랑스의 낙농장

RECIPE

생선과 잘어울리는 풍미

연어 위에 퐁레베크를 듬뿍 얹은 연어 오븐 구이나 시금치와 베이컨, 퐁레베크를 넣은 그라탱을 추천한다. 퐁레베크는 짠맛이 은은해서 그대로 잘라 먹거나 빵에 얹어 토스트로 먹어도 맛있다. 치즈만으로 맛을 낸 파이나 속재료를 가득 채운 키슈(달걀과 크림에 고기, 채소, 치즈 등을 넣어 오븐에 구운 프랑스 요리)에도 잘 어울린다.

▲ 생선 요리에도 잘 어울리므로 연어와 감자, 퐁레베크를 넣고 오븐에 구워내도 맛있다.

◀ 퐁레베크로 만든 치즈 파이

나무 향이 감도는 부드러운 맛, 계절 한정 치즈 프랑스

몽도르 MONT D'OR

▲ 가문비나무의 일종인 에피세아 나무껍질로 감싸 에피세아 나무로 만든 선반 위에서 숙성시킨다.

DATA

[원산지] 프랑스 동부

[원유] 우유

[사이즈] 무게 480g~3.2kg

[풍미] 나무 향과 크림처럼 부드럽고 섬세한 맛

[먹는 방법] 그대로 먹는다.

[어울리는 음료] 화이트 와인

콩테 지방의 세계 3대 유산

스위스와 국경을 접한 프랑슈콩테 지방은 보주산맥과 쥐라산맥이 광활하게 펼쳐진 프랑스에서 두 번째로 큰 산림 지대다. 난공불락의 성을 쌓는 명인인 보방의 요새 시설, 방사형으로 건물이 배치된 아르케스낭 왕립 제염소, 르코르뷔지에가 설계한 롱샹 성당이 세계 유산으로 등록되어 있다. 세 곳 모두 독창적이면서도 뛰어난 도시 계획과 건축물로 명성이 높다. 대자연, 미식문화, 건축 문화유산 등 다채로운 표정을 지녔다는 점이 이 지역의 가장 큰 매력이다.

▶ 롱샹 성당

몽도르는 스푼으로 떠질 만큼 부드러운 치즈다. 몽도르라는 이름은 프랑스와 스위스에 걸쳐 있는 쥐라산맥의 몽도르산(황금색 산이라는 뜻)에서 유래했으며 몽도르산 기슭에서 제조된다고 해서 붙여졌다.

이 지역에서는 봄부터 가을 사이에 생산되는 우유로 대형 꽁떼를 만들었고 겨울이 다가오면 고지대에 방목했던 소들은 산에서 내려와 축사로 돌아갔다. 겨울에는 우유 생산량이 줄고 폭설로 도로가 봉쇄되므로 농가에서 직접 소형 치즈를 만들었는데, 이것이 몽도르의 시작이다. 예전에는 만성절(모든 성인의 축일)이라는 가톨릭교회의 축일(11월 1일)부터 이듬해 춘분에서 보름이 지난 부활절까지만 제조했지만, 지금은 8월 15일부터 생산해 숙성을 거친 후 9월 무렵이면 매장에 진열된다.

손가락으로 눌러서 숙성을 확인한 후에 스푼으로 떠먹거나 화이트 와인을 붓고 취향에 따라 마늘 한쪽을 넣은 다음 오븐에 구워 먹어도 좋다. 몽도르로 만든 퐁듀인 '퐁도르'는 겨울 명물로 인기가 높다.

▲ 몽도르산의 겨울 풍경

RECIPE

떠 먹거나 구워 먹는 치즈

나무틀이 없으면 형태가 무너질 만큼 부드러운 몽도르는 나무틀에 담긴 그대로 윗면의 껍질을 벗기고 스푼으로 떠서 바게트 등에 발라 먹는다. 통째로 오븐에 넣고 구워서 퐁듀처럼 즐기는 퐁도르 역시 추천한다. 나무틀이 타지 않도록 알루미늄 포일로 감싼 다음 마늘이나 허브, 화이트 와인을 넣어 구우면 치즈와 허브 향이 그윽하게 풍기는 색다른 퐁듀를 즐길 수 있다.

▲ 파티에서 활약하는 3킬로그램 정도 크기의 몽도르. 3분의 2 정도 먹은 후에 익힌 뿌리채소 등을 올려 오븐에 구우면 몽도르를 색다르게 즐길 수 있다.

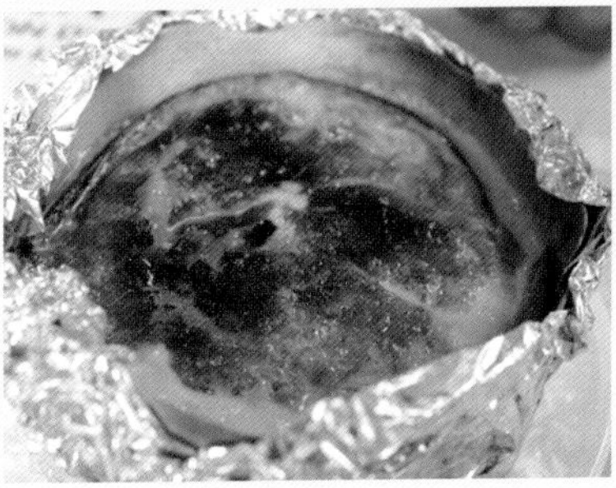

◀ 알루미늄 포일로 감싸서 통째로 오븐에 구운 몽도르. 빵이나 모락모락 김이 나는 감자에 발라 먹는다.

이탈리아 대표 워시 치즈

탈레지오 TALEGGIO

▲ 이탈리아 치즈 중에는 드물게 산악 지대에서 효율적으로 운반하기 위해 정사각형으로 성형한다.

DATA

[원산지] 이탈리아 북부

[원유] 우유

[사이즈] 두께 4~7cm,
무게 1.7~2.2kg

[풍미] 가벼운 산미와 보드라운 식감

[먹는 방법] 그대로 먹거나 빵, 리조토 등에 넣어 먹는다.

[어울리는 음료] 드라이 화이트 와인, 레드 와인, 쌉쌀하고 단맛이 없는 드라이한 사케

환상적인 중세의 거리 베르가모

탈레지오는 롬바르디아주 베르가모현에 속한 마을이다. 현도(縣都)인 베르가모는 롬바르디아에서도 가장 아름다운 거리라 불리며, 베르가모의 구시가지인 치타 알타에는 산타 마리아 마조레 대성당과 콜레오니 예배당 등 볼거리가 끝이 없다.

프랑스 작곡가 드뷔시는 베르가모의 아름다운 풍경에 영감을 받아 베르가마스크 모음곡을 작곡했다고 전해진다. 특히 '달빛'의 아름다운 선율은 지금까지도 전 세계 사람들에게 사랑받고 있다. 밀라노에서 기차나 버스로 한 시간 정도면 방문할 수 있으므로 당일치기 여행지로도 좋다.

베르가모의 거리 풍경 ▶

탈레지오는 이탈리아 북부 탈레지오 계곡에서 만들어졌다는 데서 유래했다. 기원은 10세기 무렵으로 거슬러 올라간다. 방목지의 중계 지점이었던 탈레지오 계곡에서는 여름철 방목을 끝내고 남쪽으로 이동하는 소의 젖을 짜서 다양한 치즈를 만들었다. 이곳에서 만든 치즈는 모두 '피곤하다'는 의미의 스트라키노(Stracchino)라는 총칭으로 불렸고, 탈레지오도 스트라키노 중 하나에 불과했다. 하지만 20세기 들어 탈레지오의 인기가 높아지면서 생산지가 확대되었고, 지금은 롬바르디아주 남부의 평야 지역에서도 많이 생산한다.

워시 타입 특유의 향은 약한 편이며 속살이 쫄깃하고 우유 풍미가 있어서 워시 치즈 입문자에게도 적합하다. 살짝 산미가 있어서 그대로 먹어도 좋고 요리에 넣어도 맛있다. 여름철 방목지에서 만드는 '탈레지오 달페지오'는 조직이 단단해서 워시 타입보다는 반경성 타입에 가깝다. 우유의 깊은 풍미가 탁월하므로 현지를 방문할 기회가 있다면 꼭 맛보기 바란다.

▲ 탈레지오 계곡의 여름 방목지.
브루나 알피나종 소들이 기분 좋게 풀을 뜯고 있다.

RECIPE

우유처럼 부드러운 풍미

롬바르디아의 전통 리조토에는 탈레지오를 넣는다. 카넬로니는 라자냐와 비슷한 요리인데, 원통형 파스타에 탈레지오와 다진 고기를 채워 넣고 토마토소스와 베샤멜소스를 뿌린 다음 오븐에 구우면 완성이다. 다진 고기 대신 흰살생선을 넣어도 맛있다.

▲ 탈레지오와 아스파라거스를 넣은 리조토

◀ 탈레지오가 들어간 카넬로니는 어른 아이할 것 없이 누구에게나 인기가 높다.

수도사가 만든 강렬한 향의 치즈

묑스테르 MUNSTER

▲농가에서 만든 묑스테르. 냄새에 비해 맛은 순하고 달콤해서 인기가 높다.

DATA

[원산지] 프랑스 북동부

[원유] 우유

[사이즈] 지름 13~19cm, 두께 2.4~8cm, 무게 450g 이상

[풍미] 개성적인 향, 부드럽고 쫄깃한 식감

[먹는 방법] 그대로 또는 꿀과 함께 먹거나 찐 감자에 얹어 먹는다.

[어울리는 음료] 화이트 와인, 맥주

수도원을 중심으로 발전한 묑스테르

보주산맥 동쪽 고원 지대에 위치한 묑스테르는 660년 무렵에 세워진 베네딕트파 소속 묑스테르 수도원을 중심으로 발전했다. 하지만 수도원 건물은 전쟁과 오랜 풍화로 황폐해져서 지금은 고딕 양식으로 지어진 문 등 일부만이 남아 있다.

예전에 고위 성직자들이 거주하던 건물은 1940년에서 1988년까지 군 병원으로 사용되었지만 지금은 발롱데보주국립공원의 관리 사무실과 자료관으로 쓰이고 있다.

▶ 묑스테르 계곡

7세기 무렵 독일과 국경이 가까운 프랑스 동부 알자스 지방의 뮝스테르 계곡에 정착한 수도사들은 소를 방목하며 치즈를 만들기 시작했다. 이것이 뮝스테르의 기원이며 이름도 수도원이라는 뜻을 가진 모나스테르(Monastère)에서 유래했다고 전해진다. 머지않아 뮝스테르는 보주산맥을 사이에 둔 로렌 지방에서도 만들게 되었다.

보주산맥에는 직접 만든 뮝스테르로 요리를 만들어 팔고 여름에는 숙박도 제공하는 페름 오베르주(농장 식당)가 여러 채 있다. 마릿수는 많지 않지만 몸집이 작은 보주 품종 소도 만날 수 있다. 안타깝게도 한국과 일본에서는 관련법상, 농가에서 만든 뮝스테르를 맛볼 수 없다.

숙성되면 껍질은 오렌지색을 띠며 속살은 크림처럼 매끄러워진다. 향은 강렬하고 개성적이지만 맛은 연하고 부드러워서 깊은 풍미와 달콤함을 즐길 수 있다. 껍질째 찐 감자에 뮝스테르를 얹어서 감자버터구이처럼 먹거나 꿀을 뿌려서 디저트로 먹어도 좋다. 깔끔한 맛의 드라이 화이트 와인이나 맥주와 잘 어울린다.

▲ 관광지로 인기 있는 작은 마을 리크위르

RECIPE

진한 꿀과의 조화

찐 감자에 뮝스테르와 베이컨, 파를 얹어서 오븐에 구우면 근사한 요리가 뚝딱 완성된다. 식기 전에 차가운 화이트 와인과 함께 먹으면 꿀맛이 따로 없다. 뮝스테르는 후추나 커민시드 같은 향신료 외에도 꿀과 궁합이 잘 맞는다. 꿀이 독특한 풍미를 완화시켜서 거부감도 줄여 준다. 특히 향이 진한 꿀과 함께 먹는 것을 추천한다.

▲ 베이컨과 감자로 만든 오븐치즈구이

◀ 알자스 지방의 전통 요리 타르트 플랑베.
플랑베는 얇게 민 반죽에 크렘 프레슈나 사워크림을 골고루 바른 다음 양파, 치즈, 고기 등 토핑을 얹어서 구운 요리. 피자와 타르트의 중간 형태를 띠는데 뮝스테르를 넣은 타르트 플랑베는 치즈 애호가들 사이에서 인기가 높다.

리바로 LIVAROT

▲ 한때는 종이 재질 테이프로 감기도 했는데, 물을 정화하는 기능이 있는 사초를 다시 사용하게 되었다.

노르망디 3대 치즈로 꼽히는 리바로는 개성이 강한 치즈다. 숙성하는 동안 모양이 흐트러지지 않도록 사초(갈대와 비슷한 식물)로 치즈를 감던 전통이 있다. 이는 리바로의 상징적인 특징이다. 이 띠가 프랑스 육군 대령의 계급장과 비슷하다고 해서 육군 대령이라는 애칭이 붙었다. 띠를 감는 데 품이 많이 들고 독특한 향이 강해서 생산량은 많지 않다.

탱탱한 탄력과 촉촉하고 진한 식감이 특징이며 잘 익은 과일처럼 입 안 가득 긴 여운이 남는다. 최근에는 향을 줄인 제품이 많아서 껍질만 벗기면 입문자도 거부감 없이 편하게 먹을 수 있다. 소금물로 씻은 후에 칼바도스로 닦으며 숙성시킨 '그랭도르주 아핀 오 칼바도스'도 인기가 많다.

DATA

[원산지] 프랑스 서부

[원유] 우유

[사이즈] 네 가지 사이즈
그랑 리바로: 지름 20cm, 무게 1.2kg
리바로: 지름 12.5cm, 무게 500g
트루아카르 리바로: 지름 11cm, 무게 350g
프티 리바로: 지름 8cm, 무게 200g

[풍미] 쫄깃하고 말랑말랑한 식감과 우유 풍미, 껍질의 자극적인 향

[먹는 방법] 그대로 먹거나 빵에 얹어 먹는다.

[어울리는 음료] 레드 와인, 칼바도스, 시드르

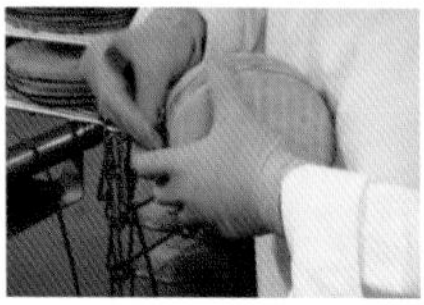

◀ 모두 수작업으로 사초로 만든 띠를 감는다

촉촉한 식감과 강렬한 향취, 성게처럼 진한 맛

랑그르 LANGRES

▲ 건과일이나 꿀, 잼과 함께 먹어도 맛있다.

랑그르는 샹파뉴 지방의 오래된 요새 도시 랑그르에서 17세기 무렵부터 만들어진 워시 타입 치즈다. 랑그르의 특징인 윗면의 움푹 꺼진 부분을 퐁텐(샘)이라고 부르는데, 원래는 숙성하는 동안 깜빡하고 치즈를 뒤집지 않아서 실수로 생긴 것이었다고 한다.

진하고 찐득한 맛과 혀 위에서 사르르 녹아내리는 식감이 특징이다. 숙성한 지 얼마 안 됐을 때는 샴페인과 잘 어울린다. 숙성되면 껍질 안쪽이 끈끈해지면서 향이 강해지는데, 와인과 함께 즐기고 싶다면 조금 더 숙성시키는 편이 좋다. 윗면의 움푹 팬 부분에 부르고뉴나 샹파뉴산 브랜디인 마르를 따라서 풍미를 더하면 즐거움이 몇 배로 늘어난다.

▲ 성벽으로 둘러싸인 랑그르 거리

DATA

[원산지] 프랑스 북동부

[원유] 우유

[사이즈] 세 가지 사이즈
150~250g,
280~350g,
800g~1.3kg

[풍미] 짠맛이 강하며 진하고 부드러운 식감

[먹는 방법] 그대로 먹거나 바게트에 얹어 먹는다.

[어울리는 음료] 샴페인, 레드 와인, 화이트 와인

프랑스 왕에게 대대로 사랑받은 강렬한 향의 치즈

마루왈 MAROILLES

▲가열하면 독특한 풍미와 향이 부드러워지고 맛은 한층 풍성해지는 마루왈. 크기는 네 가지가 있다.

마루왈은 프랑스 티에라슈 지방의 작은 마을 마루왈에 있는 수도원에서 처음 만들어졌으며 1천 년이 넘는 긴 역사를 가진 치즈다. 네 가지 크기가 있는데 4/4사이즈는 그로, 3/4사이즈는 소르베, 2/4사이즈는 미뇽, 1/4사이즈는 카르라고 불린다.

표면 색깔은 여러 차례 소금물로 세척하며 숙성시키는 동안 서서히 붉은 빛이 도는 갈색으로 변한다. 원래는 지하 숙성고에 서식하는 박테리아가 활동하면서 자연스럽게 붉은색으로 변했는데 지금은 빨간 색소를 첨가한다.

현지에서는 마루왈 파이가 인기다. 파이 반죽에 마루왈을 얹은 다음 생크림과 달걀을 끼얹어 오븐에 구우면 완성이다.

DATA

[원산지] 프랑스 북부

[원유] 우유

[사이즈] 네 가지 사이즈

그로: 가로세로 12.5~13cm, 두께 6cm, 무게 720g
소르베: 가로세로 12~12.5cm, 두께 4cm, 무게 540g
미뇽: 가로세로 11~11.5cm, 두께 3cm, 무게 360g
카르: 가로세로 8~8.5cm, 두께 3cm, 무게 180g

[풍미] 강한 향과 진하고 깊은 맛

[먹는 방법] 오븐에 구워 먹는다.

[어울리는 음료] 맥주, 풀바디 레드 와인

▶마루왈이 탄생한 마루왈 수도원

바슈랭 몽도르
VACHERIN MONT D'OR

▲ 흰곰팡이가 피는 경우가 있지만 몸에 해롭지 않아서 그대로 판매되기도 한다.

바슈랭 몽도르는 프랑스의 몽도르와 같은 역사를 가진 치즈다. 18세기 무렵부터 프랑스와 스위스의 국경 부근에 있는 쥐라산맥 고지에서 만들어졌다.

프랑스에서는 무살균 우유로 만들지만 스위스에서는 살균 우유로 만든다. 살균 우유로 만들긴 해도 전통적인 방법에 따라 제조하며 숙성 전문가가 표면을 여러 차례 정성껏 닦아낸다. 그래서 스위스에서 만든 몽도르의 껍질은 오렌지빛이 돌며 껍질째 먹을 수 있다.

매년 8월 15일부터 이듬해 3월 15일까지만 한정 생산한다. 판매 기간 중인 9월 셋째주나 넷째주 주말에는 바슈랭 몽도르의 시즌이 돌아왔음을 축하하는 축제가 열린다.

DATA

[원산지] 스위스 보주

[원유] 우유

[사이즈] 지름 10~32cm, 두께 3~5cm, 무게 260g~3kg

[풍미] 진한 풍미, 표면에서는 향긋한 나무 냄새가 난다.

[먹는 방법] 그대로 먹거나 오븐에 구워서 퐁듀처럼 먹는다.

[어울리는 음료] 가벼운 화이트 와인

▲ 축제가 열리면 날개 돋친 듯 팔려나간다.

숙성 정도에 따라
맛이 달라지는
크로탱 드 샤비뇰

염소젖 치즈
CHÈVRE CHEESE

염소유로 만드는 염소젖(셰브르) 치즈는
우유로 만든 치즈보다 역사가 길어서
치즈의 원조라고도 할 수 있다.
염소유 특유의 풍미와 산미가 있고
숙성이 깊어질수록 풍미가 강해진다.

MARIAGE
맛있는 조합

FRUIT

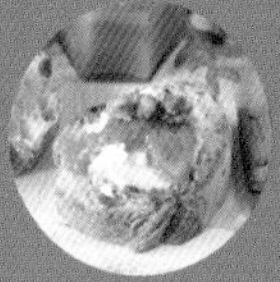

프레시 타입은 무화과나 포도, 건과일, 잼 등과 잘 어울린다. 가열한 염소젖 치즈는 견과류 등과 궁합이 좋다.

BREAD

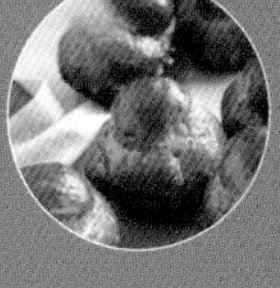

바게트, 귀리(오트밀)빵, 브리오슈, 무화과가 들어간 팽 드 캄파뉴와도 잘 맞는다.

WINE

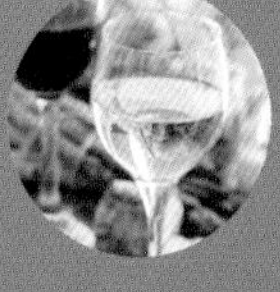

레드, 화이트, 로제 와인 모두 잘 맞지만 드라이 화이트 와인이 가장 잘 어울린다. 숙성한 지 얼마 안 된 염소젖 치즈는 산미가 있는 산뜻한 와인과 함께 즐기자.

봄부터 여름까지, 상큼한 풍미의 치즈

프랑스

생트 모르 드 투렌

SAINTE-MAURE DE TOURAINE

▲ 개성 있는 바통 모양이 인상적인 염소젖 치즈. 숙성될수록 단단해진다.

DATA

[원산지] 프랑스 중앙부

[원유] 염소유

[사이즈] 지름 4.5~5.5cm,
길이 16~18cm,
무게 약 250g

[풍미] 상큼한 산미와 우유 풍미, 헤이즐넛 향

[먹는 방법] 그대로 먹거나 빵, 샐러드에 넣어 먹는다.

[어울리는 음료] 같은 산지에서 난 와인, 드라이 화이트 와인, 과일 향이 나는 레드 와인

프랑스의 정원 투르

투르는 루아르 강변에 남아 있는 수많은 고성(古城)을 둘러볼 때 출발점이 되는 마을이다. 프랑스의 정원이라 불릴 만큼 아름다운 구시가지에는 유서 깊은 시계탑이나 로마네스크 양식으로 지어진 교회가 늘어서 있어 옛 정취가 물씬 풍긴다.

투르에서 자동차를 타고 남쪽으로 30분쯤 달리면 치즈 이름의 유래가 된 작은 마을 생트 모르 드 투렌이 있다. 이 마을에서는 매년 6월 첫째 주 주말이면 염소젖 치즈 품평회를 겸한 축제가 열린다. 축제 당일에는 치즈 외에도 햄이나 꿀 등 특산품 노점이 늘어서고 수많은 인파로 북적인다.

▶ 투르 마을과 루아르강

생트 모르 드 투렌은 프랑스 중서부 루아르 지역에서 제조되는 바통 모양의 염소젖 치즈로, 이름은 '프랑스의 정원'이라는 별명을 가진 투렌 지방의 생트 모르 고원에서 유래했다. 치즈가 처음 만들어진 시기는 8세기이며 1990년 AOC를 취득한 후 꾸준히 생산량이 늘고 있다.

치즈 겉면이 회색인 이유는 신맛을 누그러뜨리고 보존성을 높이기 위해 목탄재 가루와 소금을 발랐기 때문이다. 중심부를 관통하는 호밀짚으로 만든 빨대 모양의 '대'로 만들며 치즈 모양이 허물어지지 않게 지지하고 통풍이 잘되게 한다. 이 짚은 장애인들이 생산한다. 수확한 짚은 살균 건조시켜서 마이크로파를 통과시키며 짚마다 생산자 번호가 새겨져 있다. 치즈를 먹을 때는 짚을 빼고 나서 자르자.

숙성한 지 열흘쯤 된 생트 모르 드 투렌은 대단히 부드럽고 산미가 강하다. 숙성되면 껍질 색깔이 회색으로 바뀌고 맛도 깊어지며 헤이즐넛 같은 풍성한 향이 난다. 루아르강 하류 지역에서 나는 와인과 함께 즐기자. 꿀이나 잼과도 잘 어울린다.

▲생트 모르 마을. 축제가 열리는 6월 첫째 주 주말이면 많은 사람이 마을을 찾는다.

RECIPE

구우면 부드러워지는 치즈

염소젖 치즈는 개성이 강하지만 구우면 부드럽고 순해져서 부담 없이 먹을 수 있다. 얇고 둥글게 썬 생트 모르 드 투렌을 피자 토핑으로 올리거나 오븐에 살짝 구워 샐러드에 곁들여도 맛있다. 샐러드에는 염소젖 치즈와 궁합이 잘 맞는 건과일이나 견과류를 뿌려서 맛의 하모니를 한껏 즐겨 보자.

▲둥글게 썰어서 담아낸 생트 모르 드 투렌. 호두와 꿀을 곁들이면 더 먹기 편하다.

◀생트 모르 드 투렌을 듬뿍 넣은 애피타이저

루아르 지방의 앙증맞은 치즈

크로탱 드 샤비뇰

CROTTIN DE CHAVIGNOL

▲ 숙성 단계에 따라 다채롭게 즐길 수 있는 크로탱 드 샤비뇰. 모락모락 피어오른 곰팡이에서는 버섯 향이 난다.

DATA

[원산지] 프랑스 중앙부

[원유] 염소유

[사이즈] 무게 60~90g

[풍미] 숙성 초기에는 산미가 있고 식감이 부드럽다. 숙성될수록 풍미가 늘고 버섯 향이 난다.

[먹는 방법] 그대로 또는 살짝 구워 먹거나 샐러드에 넣어 먹는다.

[어울리는 음료] 드라이 화이트 와인, 가벼운 레드 와인

샤비뇰 마을과 상세르

프랑스 중앙부에 위치한 샤비뇰 마을에서 동쪽을 바라보면 포도밭이 펼쳐진 높직한 언덕 위로 상세르라는 작은 마을이 보인다. 루아르강 연안에 위치한 이 마을은 드라이 화이트 와인의 산지로도 유명하며, 백년전쟁 때에는 요새로써 중요한 역할을 했다. 지금도 수많은 역사 건축물이 남아 있어 당시의 풍취를 느낄 수 있다.

마을에는 와인 박물관과 와인 숙성고 등 와인 관련 시설이 아주 많다. 시즌 중에는 시음이나 견학을 하려는 관광객으로 붐비므로 여유롭게 즐기고 싶다면 샤비뇰 마을에 있는 숙성고를 둘러보는 편이 낫다.

▶ 상세르의 포도밭

크로탱 드 샤비뇰은 파리 남쪽에 있는 작은 마을 샤비뇰에서 탄생했다. 이름의 유래에는 여러 가지 설이 있다. 오랜 옛날 이 치즈를 만들 때 쓰던 도자기 틀의 생김새가 크로(crot)라고 불리는 도자기 램프와 닮아서 크로탱이라는 이름이 붙여졌다는 설이 있는 한편, 몇 개월간 방치한 치즈에 새까만 곰팡이가 뒤덮인 모습이 크로탱(프랑스어로 '말똥'이라는 뜻)과 비슷해서 '샤비뇰의 작은 말똥'이라고 불리게 되었다는 설도 있다.

2주 정도 숙성해서 먹는 신선한 크로탱은 주름진 하얀 껍질과 산미가 있는 부드러운 식감이 특징이다. 한편 숙성이 진행되면 푸른색이나 회색 곰팡이가 피기 시작하고 점점 단단해지며 풍미가 진해진다. 일본에서는 곰팡이가 피지 않은 신선한 크로탱을 선호하지만 현지에서는 숙성시킨 타입이 압도적으로 인기가 높다. 전용 코코트에 넣어서 오븐에 가열하는 요리인 크로탱 쇼(Crottin chaud)는 맛이 아주 순하다.

▲크로탱 드 샤비뇰은 짚으로 덮어서 곰팡이를 키우는데, 현지에서는 이 상태를 '샤비뇰'이라고 부른다.

RECIPE

오븐 요리에 적합한 치즈

염소유 특유의 향은 가열하면 사라지므로 향이 거북하다면 오븐 요리를 추천한다. 새콤한 크로탱 드 샤비뇰과 달짝지근한 양파, 고소한 호두를 넣어 오븐에 구운 키슈는 맛의 조화가 절묘하다. 숙성한 지 얼마 안 된 크로탱 드 샤비뇰을 가로로 2등분해서 바게트에 얹은 다음 오븐에 구워 신선한 채소와 함께 쟁반에 담은 샐러드는 프랑스 비스트로의 간판 메뉴다.

▲크로탱 드 샤비뇰과 양파, 호두를 넣고 오븐에 구운 키슈

◀크로탱 드 샤비뇰에 빵가루를 입혀 노릇노릇하게 구워도 맛있다.

샤비슈 뒤 푸아투
CHABICHOU DU POITOU

▲ 목초지에서 방목한 염소유로 만든 샤비슈 뒤 푸아투는 껍질이 단단해졌을 무렵이 딱 먹기 좋을 때다.

DATA

[원산지] 프랑스 중앙부

[원유] 염소유

[사이즈] 무게 평균 120g

[풍미] 미끌미끌한 식감, 상큼한 산미, 숙성되면 톡 쏘는 알싸한 맛

[먹는 방법] 꿀이나 베리류와 함께 먹는다.

[어울리는 음료] 화이트 와인, 스파클링 와인

유서 깊은 고대 도시 푸아티에

프랑스 서부에 위치한 푸아티에는 갈리아로마 시대부터 파리와 보르도를 잇는 교통의 요지로 발달한 고대 도시다. 프랑크의 카를 마르텔이 이슬람교도군을 격파한 것으로 알려진 투르푸아티에 전투(732년)나 백년전쟁 초기에 발생한 푸아티에 전투(1356년)의 무대로도 알려져 있다. 다양한 역사의 격랑에 휩쓸렸던 만큼 역사 건축물로 지정된 문화재가 86곳이 넘으며 수많은 로마 시대 유산이 남아 있다. 특히 노트르담 라 그랑드 성당은 로마네스크 예술의 보배로 여겨지며 구약, 신약성서를 모티브로 한 화려한 조각이 유명하다. 여름에는 매일 밤 성당 정면에 조명이 켜진다.

▶ 노트르담 라 그랑드 성당

와인 코르크 같은 원통형 모양의 샤비슈 뒤 푸아트는 아랍어로 염소을 의미하는 셰블리(chebli)에서 유래된 이름이라고 전해진다. 프랑스 염소젖 치즈의 기원은 8세기 프랑크 왕국과 우마이야 왕조 사이에서 일어난 투르푸아티에 전투로 거슬러 올라간다. 전쟁이 끝난 후 아랍인들은 원정 동안 식량을 확보하려고 데려온 염소과 치즈를 만들던 여성들을 버려두고 철수했는데, 남겨진 여성들이 이 지역에 정착해 염소젖 치즈 제조법을 전수했다고 한다.

샤비슈도 다른 염소젖 치즈처럼 숙성이 진행되면서 수분이 날아가 점점 단단해지고 쪼글쪼글 오그라든다. 껍질이 새하얄 때 먹으면 상큼한 산미와 절묘한 풍미가 마치 요거트 같다. 오래 숙성시키면 단단하고 푸석푸석해지지만 염소유 특유의 풍미와 맛은 정점에 달한다. 향취도 강해지므로 달콤한 꿀이나 과일 등을 곁들이면 숙성 단계에 따라 다채롭게 즐길 수 있다.

▲ 틀에서 꺼낸 단계. 중앙에 새겨진 'cdp'는 샤비슈 뒤 푸아투의 머리글자다.

RECIPE

무화과와 최고의 조합

신선한 무화과와 함께 오르되브르나 디저트로 즐긴다. 무화과 특유의 달콤함과 환상의 조화를 이뤄 푹 빠져들 만큼 중독성이 강하다. 샤비슈 뒤 푸아투를 넣은 서양배 오븐구이는 겨울 디저트로 제격이다. 반으로 자른 서양배에 샤비슈 뒤 푸아투와 취향에 맞는 향신료나 견과류를 얹고 꿀을 뿌린 다음 오븐에 굽기만 하면 된다. 디저트 와인과도 잘 어울리는 일품요리다.

▲ 크래커에 잼과 샤비슈 뒤 푸아투, 무화과를 얹은 카나페

◀ 구운 서양배에 샤비슈 뒤 푸아투와 꿀, 시나몬, 호두, 육두구를 얹은 근사한 디저트

잘린 피라미드 모양, 눈부시게 새하얀 단면

발랑세 VALENCAY

▲ 전면이 곰팡이로 뒤덮였을 때가 먹기 적당한 시기로 염소유의 진한 풍미와 견과류 향이 느껴진다.

DATA

[원산지] 프랑스 중앙부

[원유] 염소유

[사이즈] 두께 7~8cm, 무게 약 220g

[풍미] 숙성하면 산미가 줄고 맛과 향이 깊어진다.

[먹는 방법] 그대로 먹거나 샐러드에 넣어 먹는다.

[어울리는 음료] 드라이 화이트 와인

독특한 형태가 특징인 발랑세는 프랑스 중부 베리 지방의 발랑세 마을에서 생산되는 치즈다. 원래는 피라미드 모양이었는데 이집트 원정에서 패한 나폴레옹이 발랑세 마을 외무장관의 성에 들렀다가 피라미드 모양 치즈를 보고 격노해서 윗부분을 베어버렸다는 일화가 있다.

표면을 뒤덮은 목탄재는 염소유 특유의 신맛을 줄여 주는 효과가 있다. 속살은 새하얗고 부드럽지만 숙성될수록 표면이 검은색에서 회색으로 변하고 속살이 단단해진다. 숙성 단계마다 풍미가 달라지므로 어느 단계가 자기 취향에 맞는지 찾아내는 재미도 쏠쏠하다. 드라이 화이트 와인과 함께 맛보자.

◀ 견과류 꿀 절임과 서양배, 발랑세를 토핑한 타르틴

에펠탑이라는 애칭으로 불리는 치즈

풀리니 생피에르

POULIGNY-SAINT-PIERRE

▲ 숙성이 진행되면 표면에 엷게 곰팡이가 피면서 거무스름해지고 속살도 단단해진다.

풀리니 생피에르의 원산지는 프랑스 중부 베리 지방에 있는 작은 마을 풀리니 생피에르다. 미끈한 사각뿔 모양은 마을 교회에 있는 종에서 착상을 얻었다고 전해지며 '에펠탑'이라는 애칭으로 불린다. 풀리니 생피에르는 공장제와 농장제가 있는데, 공장에서 만든 치즈는 빨간 라벨, 농장에서 만든 치즈는 녹색 라벨을 붙여 구별한다.

숙성한 지 얼마 안 됐을 때는 촉촉하고 부드러우며 요거트 같은 산미가 있다. 염분이 적고 염소유 특유의 향도 가벼워서 염소유 치즈 중에서는 비교적 먹기 편하다. 숙성이 진행되어 표면에 살짝 푸른곰팡이가 필 무렵이 되면 달콤한 우유 향이 난다.

DATA

[원산지] 프랑스 중앙부

[원유] 염소유 **[사이즈]** 두께 12.5cm, 무게 약 250g

[풍미] 크림처럼 부드럽고 상큼한 신맛

[먹는 방법] 그대로 먹거나 바게트에 얹어 먹는다.

[어울리는 음료] 드라이 화이트 와인, 가벼운 레드 와인

▲ 숙성한 지 얼마 안 됐을 때는 견과류나 사과와 함께 샐러드로 먹는 게 가장 좋다.

염소젖 치즈 중 최초로 AOC 인증을 받은 치즈 프랑스

셀 쉬르 셰르 SELLES-SUR-CHER

▲ 표면에 푸른색이나 회색 곰팡이가 슬고 껍질이 살짝 말랐을 때가 딱 먹기 좋은 시기다.

DATA

[원산지] 프랑스 중앙부

[원유] 염소유

[사이즈] 지름 약 9cm, 두께 약 3cm, 무게 약 150g

[풍미] 가벼운 산미와 짠맛, 부드러운 염소유 풍미

[먹는 방법] 그대로 먹거나 과일과 함께 먹는다.

[어울리는 음료] 드라이 화이트 와인

염소젖 타입치고는 모양이 심플한 셀 쉬르 셰르는 8세기 무렵부터 루아르강의 지류인 셰르강 일대에서 만들어졌다. 1975년 염소젖 치즈 중에는 최초로 AOC 인증을 받았다.

숙성 초기의 셀 쉬르 셰르는 수분이 많고 상큼한 산미가 있다. 숙성이 진행되면 껍질이 옅은 회색으로 변하지만 속살의 촉촉하고 부드러운 식감은 그대로 유지된다. 표면에 바른 목탄재가 바싹 말라 옅은 회색으로 변할 무렵이 먹기 적당한 시기로 신맛과 짠맛이 줄면서 단맛도 느껴진다. 같은 산지에서 만든 상세르산 화이트 와인과 궁합이 아주 좋다.

◀ 셀 쉬르 셰르와 튀기듯 구운 버섯을 빵에 올려서 와인과 함께 먹는다.

밤나무 잎으로 감싸 그윽한 향이 감도는 치즈

바농 BANON

▲ 잎사귀 색깔이 갈색을 띠어야 떫지 않고 맛있다.

바농은 남프랑스 프로방스 지방이 원산지이며, 같은 이름을 가진 바농 마을에서 오래 전부터 만들어 온 염소젖 치즈다. 예전에는 로즈메리나 타임 같은 허브를 바르는 등 집집마다 다양한 방식으로 치즈를 만든 다음 겨울철 비축용으로 플라타너스나 포도 이파리로 감싸 두었다. 19세기 이후에 밤나무 잎으로 감싸는 현재의 제조법이 정착하였다.

바농을 만들 때는 식초나 브랜디로 살균한 밤나무 잎을 사용한다. 치즈를 잎으로 감싼 후 2주 이상 숙성시키면 그윽한 향이 감도는 촉촉하고 부드러운 바농이 완성된다. 다른 염소젖 치즈에 비해 신맛이 적고 염소유의 진한 풍미를 느낄 수 있다.

▲ 숙성될수록 잎의 향이 치즈로 스며들면서 촉촉하고 매끄러워진다.

DATA

[원산지] 프랑스 남부

[원유] 염소유

[사이즈] 지름 7.5~8.5cm, 두께 약 2~3cm, 무게 90~110g

[풍미] 술지게미 같은 찐득한 풍미

[먹는 방법] 그대로 먹거나 빵, 과일과 함께 먹는다.

[어울리는 음료] 드라이 화이트 와인, 레드 와인

비교적 맛이 순한 푸름 당베르

블루 치즈
BLUE CHEESE

특유의 자극이 있는 블루 치즈의
원유는 우유나 양유로
푸른곰팡이를 번식시켜 만든다.
짠맛이 강하므로
무염 버터나 크림치즈와 섞으면
맛이 순해져서 먹기 편하다.

MARIAGE
맛있는 조합

FRUIT

- 서양배나 머스캣, 거봉 등 과일의 달콤함과 짭조름한 치즈의 맛이 입안에서 하모니를 이룬다. 특히 서양배와 고르곤졸라는 최고의 조합이다.

BREAD

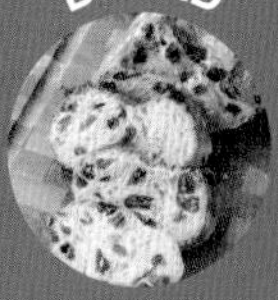

- 살짝 시큼한 맛이 나는 호밀빵이나 세글 누아 레쟁처럼 건포도가 들어간 빵과 궁합이 잘 맞는다.

WINE

- 달콤하고 풍미가 진한 화이트 와인이나 향이 강하고 묵직한 레드 와인과 잘 어울린다. 스틸턴과 포르투갈의 포트와인은 예전부터 유명한 조합이다.

로열패밀리에게도 사랑받는 순하고 먹기 쉬운 블루치즈

영국

스틸턴 STILTON

▲ 단맛과 쓴맛이 뒤섞인 스틸턴. 블루치즈답게 푸른곰팡이가 그려낸 마블 무늬가 아름답다.

DATA

[원산지] 영국 중부

[원유] 우유

[사이즈] 지름 20cm,
두께 25~30cm,
무게 약 8kg

[풍미] 날카로운 자극과 달콤한 끝맛이 있는 진한 풍미

[먹는 방법] 그대로 먹거나 샐러드, 고기 요리에 넣어 먹는다.

[어울리는 음료] 포트와인, 스위트 레드 와인, 위스키

로빈 후드의 마을 노팅엄

노팅엄은 런던에서 열차로 한 시간 반 정도 거리에 있는 공업 도시로, 현재 스틸턴은 노팅엄 근교의 벨부아 계곡 주변에서 생산된다. 노팅엄은 셔우드 숲과 로빈 후드 전설의 무대가 된 마을로 유명하며, 노팅엄성이나 로빈 후드 박물관 등 볼거리도 풍성하다. 또 노팅엄성에는 십자군 전쟁을 위해 예루살렘으로 향하던 병사들이 잠시 쉬어갔던 영국에서 가장 오래된 펍 '예 올드 트립 투 예루살렘(Ye Olde Trip To Jerusalem)'이 있으며 성 지하로 이어진 동굴 일부는 지금도 저장고로 사용된다.

▶ 노팅엄성에 있는 로빈 후드상

영국을 대표하는 블루 치즈라고 해도 과언이 아닌 스틸턴은 로크포르, 고르곤졸라와 함께 '세계 3대 블루 치즈'로 꼽힌다. 수분이 적고 짠맛이 강하며 뒷맛은 꿀처럼 달콤하고 깊은 풍미가 있다.

이 치즈의 유래가 된 스틸턴 마을은 런던 북쪽의 요크로 향하는 길목에 있는 역참 마을이었다. 1750년 무렵 스틸턴 마을의 벨인이라는 여관에서 스틸턴 치즈를 판매하면서부터 널리 알려지게 되었다. 하지만 스틸턴은 이제 이 마을에서 생산하지 않고 노팅엄셔주, 레스터셔주, 더비셔주의 몇 개 회사에서만 제조한다. 살균한 우유로 만들지만 최근에는 무살균 우유로 만든 '스티첼튼(Stichelton)'이라는 치즈도 나온다.

포르투갈산 포트와인이나 셰리 와인, 향이 강한 레드 와인 등 단맛이 도는 술과 함께 마시는 게 좋다. 또 위스키나 칼바도스와도 잘 어울린다.

▲ 숙성 중인 스틸턴. 내부에 공기를 넣어 곰팡이를 번식시키므로 작은 구멍이 뚫려 있다.

RECIPE

스테이크에 발라먹는 맛

영국에서는 스틸턴을 디저트로 즐길 뿐 아니라 비프스테이크에도 곁들여 먹는다. 스테이크의 열기로 녹은 스틸턴을 고기에 발라 먹는 맛은 그야말로 일품이다. 이때 고기는 기름기가 적은 부위를 추천한다. 다채로운 블루 치즈 샐러드는 홈 파티에도 안성맞춤이다. 다만 스틸턴의 풍미에 눌리지 않는 향이 강한 채소를 넣는 편이 좋다.

▲ 갓 구운 비프스테이크에 스틸턴을 듬뿍 얹어 먹는다.

◀ 스틸턴과 구운 뿌리채소, 루콜라를 넣은 샐러드

순한 맛의 돌체와 알싸한 피칸테

고르곤졸라 GORGONZOLA

▲ 이탈리아의 블루치즈인 고르곤졸라는 은은한 단맛이 있어서 블루치즈 입문자도 금세 익숙해질 수 있다.

DATA

[원산지] 이탈리아 북부

[원유] 우유

[사이즈] 대형 10~13kg,
중형 9~12kg,
소형 6~8kg

[풍미] 짠맛은 적지만 알싸한 자극이 있고 부드러운 식감

[먹는 방법] 그대로 먹거나 빵에 발라 먹거나 파스타 소스, 드레싱에 곁들인다.

[어울리는 음료] 스위트 화이트 와인, 레드 와인

고대 도시 노바라

현재 고르곤졸라의 주된 생산지인 이탈리아 북서부의 피에몬테주 노바라현에는 크고 작은 치즈 공장이 여럿 있다. 고대 로마 시대에 세워진 오래된 마을이어서 역사 지구에는 기원전 1세기경의 요새 유적이 남아 있다.

마을의 상징이자 거대한 쿠폴라(둥근 천장, 지붕)가 특징인 산가우덴치오 성당은 높이가 121미터나 돼서 마을 어디서든 그 아름다운 모습이 눈에 들어온다. 노바라는 고르곤졸라 외에 노바라미(米)라는 쌀도 유명하다. 이 마을을 방문하면 고르곤졸라 리조토를 꼭 맛보자.

▶ 산가우덴치오 성당

세계 3대 블루 치즈 중 하나인 고르곤졸라의 주된 생산지는 북이탈리아다. 원래는 롬바르디아주 고르곤졸라 마을에서 탄생했지만 생산이 확대되면서 피에몬테주 노바라에 공동 숙성고가 세워졌다.

고르곤졸라의 정식 명칭은 '스트라키노 디 고르곤졸라'로 스트라키노는 '피곤하다'는 의미다. 기원은 9세기로 거슬러 올라간다. 알프스에서 방목을 마친 소를 산기슭으로 데리고 돌아가는 도중 휴식 지점인 고르곤졸라 마을에서 피곤한 소의 젖을 짰는데, 이 젖으로 만든 치즈가 고르곤졸라의 시작이었다.

고르곤졸라는 원래 '피칸테'라고 불리는 종류밖에 없었지만 전쟁 후에 푸른곰팡이가 적고 크림처럼 부드러워서 먹기 편한 '돌체'가 개발되자 돌체의 인기가 순식간에 높아졌다. 돌체는 은은한 단맛과 순한 맛이 특징인 한편 피칸테는 몸이 움츠러들 만큼 알싸한 푸른곰팡이 맛을 느낄 수 있다. 고르곤졸라의 90퍼센트는 돌체이지만 피칸테도 은근히 인기를 끌고 있다.

▲푸른곰팡이의 양이 적어서 맛이 순한 돌체는 비교적 역사가 짧은 치즈다.

RECIPE

단 것과 조화를 이루는 짠맛의 치즈

고르곤졸라는 꿀이나 서양배, 무화과와 궁합이 아주 좋다. 고르곤졸라를 얹어서 오븐에 구운 후 꿀을 뿌려 마무리한 피자는 단맛과 짠맛이 절묘하게 균형을 이룬다. 풍미가 강한 피칸테는 리조토나 파스타 등의 요리에 잘 어울린다. 가열하면 풍미가 부드러워지므로 블루 치즈에 익숙하지 않다면 입맛에 맞춰 조금씩 늘려 보자.

▲ 서양배와 고르곤졸라로 만든 피자에 꿀을 뿌린다.

◀ 고르곤졸라로 풍미를 더한 단호박 리조토

로크포르 ROQUEFORT

▲블루 치즈의 왕이라 불리는 로크포르. 12월 중순부터 6월 말까지 약 반년 동안만 제조한다.

DATA

[원산지] 프랑스 남부

[원유] 양유

[사이즈] 지름 19~20cm,
두께 8.5~11.5cm,
무게 2.5~3kg

[풍미] 푸른곰팡이의 톡 쏘는 자극적인 맛과 짠맛, 양유의 부드러운 풍미

[먹는 방법] 그대로 먹거나 드레싱이나 소스 등에 섞어 먹는다.

[어울리는 음료] 스위트 화이트 와인, 풀보디 레드 와인

로크포르 쉬르 술종 마을

프랑스 남부, 대자연에 둘러싸인 미디피레네 지방의 아베롱현은 프랑스에서 가장 아름다운 마을로 지정된 곳이 제일 많은 지역이다. 이 지역에 속한 로크포르 쉬르 술종은 인구가 700명도 채 되지 않는 작은 마을이지만 로크포르 생산지로 유명해서 주민 대부분이 치즈를 제조하거나 판매하는 일에 종사한다.

콩발루산의 기슭에는 로크포르를 숙성시키는 천연 동굴이 있는데 동굴 내부는 로크포르 치즈를 숙성하는 데 적합한 온도와 습도가 1년 내내 일정하게 유지된다. 최대 로크포르 제조사인 소시에테사가 사용하는 동굴은 견학뿐 아니라 시식도 가능하다.

▶아베롱현의 마을 풍경

푸른곰팡이가 만들어 낸 마블링이 선명한, 로크포르의 역사는 2천여 년 전까지 거슬러 올라간다. 어느 날 한 목동이 콩발루산의 석회암 동굴에 양유 치즈를 두고 떠났다가 몇 개월 후에야 다시 동굴에 들러 푸른곰팡이로 뒤덮인 치즈를 발견한 것이 로크포르의 시작이라고 전해진다.

지금도 이 동굴에서 숙성시킨 치즈에만 로크포르라는 이름을 붙일 수 있다. 동굴 내부는 플루린이라는 습한 바람이 통과해 1년 내내 습도와 온도가 일정하게 유지된다. 이 천연 숙성고에서 서서히 숙성시켜야 비로소 맛있는 로크포르가 완성된다.

날카롭고 자극적인 맛과 양유 특유의 부드러운 단맛이 절묘하게 조화를 이뤄 전 세계 치즈 애호가의 사랑을 듬뿍 받고 있다. 그대로 먹어도 맛있지만 꿀을 뿌려서 스위트 와인과 함께 즐기면 디저트로도 그만이다.

▲ 로크포르는 콩발루산의 동굴에서 부는 플루린으로 숙성시킨다.

RECIPE

톡 쏘는 풍미, 부드러운 맛

로크포르를 그대로 햄버거 빵 사이에 끼우면 톡 쏘는 푸른곰팡이의 풍미가 맛에 포인트를 준다. 로크포르의 짠맛에 익숙하지 않다면 따뜻하게 데운 생크림에 녹여서 소스로 만들면 맛이 순해진다. 로크포르 소스를 넣은 키슈는 브런치나 와인과 함께 즐기기에 제격이다. 속재료는 시금치나 버섯, 베이컨 등 입맛에 맞춰 선택하면 된다.

▲ 소고기 패티에 로크포르를 얹어 한층 더 품격 있어 보이는 햄버거

◀ 호밀빵에 로크포르를 듬뿍 발라 아페리티프(식전 음료 혹은 술)와 함께 먹는다.

‘고귀한 블루 치즈’라 불리는 프랑스

푸름 당베르

FOURME D'AMBERT

▲ 푸른곰팡이가 많은 것에 비해 순한 맛이 나는 푸름 당베르

푸름 당베르는 블루 치즈 입문자부터 애호가까지 두루 인기 있는 치즈다. 프랑스 중부 오베르뉴 지방의 앙베르에서 탄생한 이 치즈는 라틴어로 ‘앙베르의 치즈’라는 의미다. 생산지인 포레산맥에서는 오래 전부터 자스리라고 불리는 고지대 오두막에서 전통적인 방식으로 치즈를 제조했는데 푸름 당베르도 그 치즈 중 하나였다.

DATA

[원산지] 프랑스 오베르뉴 지방

[원유] 우유

[사이즈] 지름 12.5~14cm, 두께 17~21cm, 무게 1.9~2.5kg

[풍미] 자극적이지 않고 짠맛이 덜하다.

[먹는 방법] 그대로 먹거나 샐러드, 과일을 곁들여 먹는다.

[어울리는 음료] 포트와인, 과일 향이 나는 레드 와인

푸름 당베르는 원통형으로 길어서 수평으로 잘라 먹는다. 껍질은 단단하지만 속살은 부드럽고, 쫀득한 식감과 은근하게 톡 쏘는 푸른곰팡이의 알싸함이 중독적인 치즈다. 비교적 먹기 편해서 로크포르와 어깨를 견줄 만큼 인기가 높다.

▲ 푸름 당베르와 칠리 페퍼, 마늘로 맛을 낸 버섯구이

까망베르와 고르곤졸라의 장점만 모은 치즈

독일

깜보졸라 CAMBOZOLA

▲ 질감이 부드러워 블루치즈 입문자에게 적합하다

깜보졸라의 원산지는 독일 바이에른 지방이다. 까망베르와 고르곤졸라를 응용해서 만든 치즈로 이름도 까망베르와 고르곤졸라를 조합해서 만들어졌다.

깜보졸라는 1970년대에 탄생하여 그 역사가 짧다. 푸른곰팡이를 이식한 커드를 틀에 담은 후 표면에 흰곰팡이를 뿌려서 숙성시킨 깜보졸라의 순한 풍미가 인기를 얻으면서 급격히 수출이 늘어났다.

우유에 생크림을 추가해 만들므로 유지방 함량이 60~70%나 되어 버터처럼 진하고 부드럽다. 푸른곰팡이 특유의 풍미가 적어서 블루 치즈에 익숙하지 않은 사람도 부담 없이 먹을 수 있다.

DATA

[원산지] 독일 **[원유]** 우유

[사이즈] 지름 24cm, 두께 4cm, 무게 2.2kg

[풍미] 푸른곰팡이 특유의 풍미가 적고 크림처럼 부드러운 식감

[먹는 방법] 그대로 먹거나 바게트에 얹어 먹는다.

[어울리는 음료] 스파클링 와인, 화이트 와인

▲ 깜보졸라에 호두와 꿀을 얹은 크래커. 건포도가 든 빵과 함께 먹어도 맛있다.

강한 짠맛과 날카로운 맛, 일본에 최초로 수입된 블루 치즈 덴마크

다나블루 DANABLU

▲ 다나블루는 전 세계 수많은 국가로 수출되며 특히 미국에서 즐겨 먹는다.

다나블루는 20세기 초 로크포르를 응용해 덴마크에서 탄생한 블루 치즈다. 처음에는 '대니시 로크포르'라는 이름이었지만 로크포르는 원산지 명칭 보호를 받고 있어 프랑스의 항의를 받았다. 이후 '대니시 블루'로 불리다가 이를 줄여 '다나블루'라는 이름이 붙여졌다.

로크포르는 살균 처리하지 않은 양유를 사용하는 데 반해 다나블루는 살균 처리한 우유로 만든다. 로크포르와 같은 독특한 풍미는 없지만 푸른곰팡이 특유의 톡 쏘는 날카로운 맛과 우유 풍미를 충분히 즐길 수 있다. 다나블루는 일본에 최초로 수입된 블루 치즈이며 현재는 전 세계로 수출되고 있다.

DATA

[원산지] 덴마크 **[원유]** 우유

[사이즈] 지름 20cm, 무게 3kg

[풍미] 푸른곰팡이의 알싸한 매운맛과 짠맛

[먹는 방법] 그대로 먹거나 파스타, 피자 등에 넣어 먹는다.

[어울리는 음료] 향이 강한 레드 와인

▲ 크림소스에 짠맛이 강한 다나블루를 추가하면 파스타의 맛이 한층 더 깊어진다.

푸른곰팡이 특유의 맛이 덜한 치즈

퀘소 데 발데온
QUESO DE VALDEON

▲ 촉촉한 식감과 깊은 맛이 특징이다.

퀘소 데 발데온은 스페인 북부 레온의 피코스 데 에우로파 산맥에 둘러싸인 깊은 산골짜기에서 생산되는 블루 치즈다. 이 지역에서 난 소금으로 만든 소금물에 단풍나무 잎을 절여서 치즈 표면을 감싸는 것이 특징이다.

퀘소 데 발데온은 스페인의 대표 블루 치즈인 '카브랄레스(Cabrales)'를 본떠서 만들었지만 풍미는 전혀 다르다. 카브랄레스는 푸른곰팡이 특유의 톡 쏘는 자극이 강하고 포슬포슬한 식감이지만, 퀘소 데 발데온은 푸른곰팡이의 자극적인 맛이 상대적으로 약하고 부드러우면서도 촉촉한 식감과 진한 풍미가 있다. 가까운 산지에서 만든 레드 와인이나 단맛이 도는 셰리 와인, 포트와인 등이 잘 어울린다.

DATA

[원산지] 스페인

[원유] 우유와 염소유의 혼합유

[사이즈] 500g~3kg

[풍미] 부드럽게 녹아내리는 식감과 적당한 산미

[먹는 방법] 그대로 먹거나 핫 샌드위치를 만들어 먹는다.

[어울리는 음료] 레드 와인, 셰리 와인 등

▲ 퀘소 데 발데온과 숙성 햄, 무화과를 얹은 브루스케타.

세 가지 이름의 부드러운 블루 치즈

블루 드 젝스 BLEU DE GEX

▲ 다른 블루 치즈들과 달리 큰 덩어리로 만들어지는 블루 드 젝스. 표면에는 'GEX'라는 글자가 새겨져 있다.

블루 드 젝스는 스위스 국경에 접한 쥐라산맥의 고지에서 생산되며 생산자가 적어 희소성 있는 치즈다. 제조한 장소에 따라 '블루 드 젝스' 이외 '블루 드 오 쥐라', '블루 드 세몽셀'이라고 표기되며 세 가지 이름으로 AOP에 등록되었다. 역사가 상당히 긴 치즈로 신성 로마제국의 카를 5세가 즐겨 먹었다고 전해진다.

블루 드 젝스의 속살은 단단하고 탄력적이며 푸른곰팡이의 톡 쏘는 맛과 짠맛이 약해서 맛이 부드럽다. 나무 열매 같은 고소한 향이 나며 쌉쌀한 끝 맛이 희미하게 남는다. 큰 원반 형태인 데다가 표면이 단단해서 자르기 전에는 반경성 치즈처럼 보인다. 그러나 열을 가하면 훨씬 더 부드러워지고, 그 맛이 더욱 순해지면서 한층 맛이 살아난다.

DATA

[원산지] 프랑스 동부 **[원유]** 우유

[사이즈] 지름 31~35cm, 두께 약 10cm, 무게 6~9kg

[풍미] 은은한 짠맛과 쓴맛, 나무 열매 같은 고소한 향

[먹는 방법] 그대로 먹거나 라클레트, 치즈 퐁뒤를 만들거나 찐 감자와 함께 먹는다.

[어울리는 음료] 가벼운 레드 와인, 포트와인

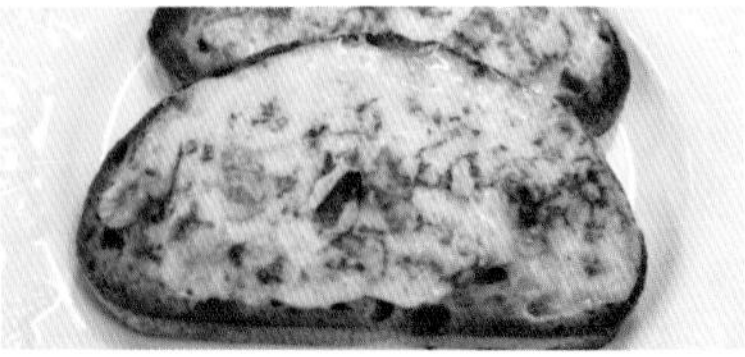

▲ 블루 드 젝스는 호두와 찰떡궁합을 이룬다. 라클렛처럼 먹어도 좋다.

자극이 강한 정통 블루 치즈

블루 도베르뉴

BLEU D'AUVERGNE

▲ 고르게 퍼진 푸른곰팡이가 대리석처럼 아름답다.

블루 도베르뉴의 생산지는 곰팡이 타입의 치즈를 집중적으로 생산하는 프랑스 오베르뉴 지방이다. 이 지방의 지질과 토지의 기복량(높낮이 차이), 해발고도 및 기후는 치즈를 제조하기에 이상적인 환경 조건이다. 블루 도베르뉴는 로크포르에서 착안해 '우유'로 만들어 탄생한 블루 치즈다. 오래된 문헌에는 거친 맛이라고 기록되어 있지만 서서히 숙성시키면 끈끈하고 촉촉하며 달콤함까지 느껴지는 우아한 맛이 난다.

19세기 후반에 탄생하여 역사가 짧지만, 1975년에 AOC를, 1996년에 AOP를 취득했다. 푸른곰팡이 특유의 혀와 코를 톡 쏘는 강한 향취, 진한 우유 풍미, 부드러운 식감이 특징이다. 짠맛이 강하고 푸른곰팡이의 참맛을 오롯이 느낄 수 있어 애호가들에게 사랑받는 치즈다.

DATA

[원산지] 프랑스 오베르뉴 지방 **[원유]** 우유

[사이즈] 두께 약 20cm, 무게 2~3kg

[풍미] 푸른곰팡이의 강한 풍미와 짠맛, 농후한 우유 풍미

[먹는 방법] 그대로 먹거나 파스타 소스에 섞거나 소량을 디저트 등으로 먹는다.

[어울리는 음료] 묵직한 레드 와인, 디저트 와인

▲ 블루 도베르뉴 소량을 과일이나 꿀 등과 함께 먹는다.

이탈리아의 대표적인 경성 치즈
파르미지아노 레지아노

반경성/경성 치즈
SEMI HARD/HARD CHEESE

프레시 치즈를 압착해서
수분을 뺀 치즈.
조직이 단단해서 보존성이 뛰어나며
오랫동안 서서히 숙성시킨다.
맛이 순하고 부담 없어서
요리에 활용하기 좋은 치즈가 많다.

MARIAGE
맛있는 조합

FRUIT

수분이 적어서 포도처럼 즙이 많은 과일과 잘 어울린다. 건무화과 등의 건과일이나 잼과도 궁합이 잘 맞는다.

BREAD

반경성 치즈와 경성 치즈의 풍미는 바게트나 밀알의 표피 부분인 밀기울을 넣어 만든 빵과 잘 어울린다. 토스트를 만들 때 빵에 얹으면 한층 더 맛이 풍성해진다.

WINE

소박한 맛이 나는 치즈는 미디움바디나 라이트바디 레드 와인, 체다는 가벼운 캘리포니아산 레드 와인과 잘 어울린다.

꽃잎처럼 섬세하고 얇게 깎아 먹는 치즈 스위스

테트 드 무안 TETE DE MOINE

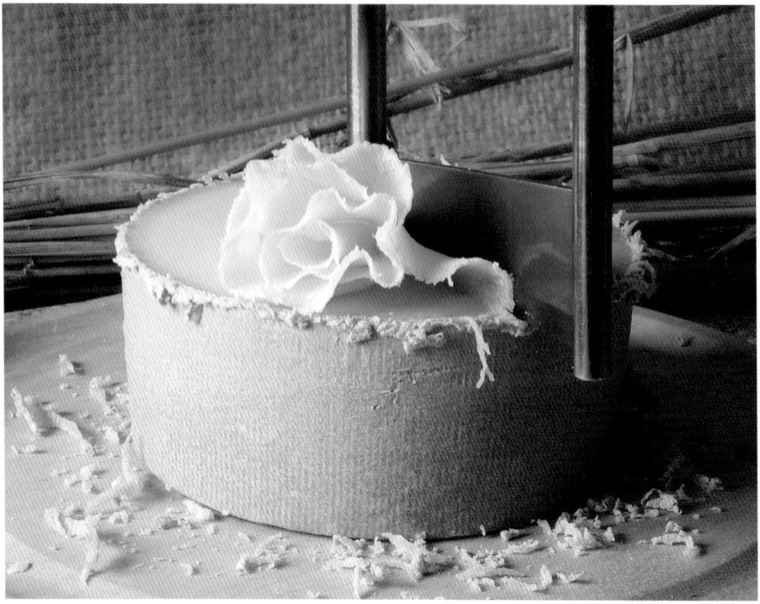

▲ 지롤을 빙글빙글 돌릴 때마다 아름다운 프릴 모양으로 깎여 나가는 모습은 보는 이의 시선을 사로잡는다.

DATA

[원산지] 스위스 북부

[원유] 우유

[사이즈] 지름 10~15cm, 무게 700g~2kg

[풍미] 개성적인 향과 자극적이고 진한 맛

[먹는 방법] 얇게 깎아서 그대로 먹는다.

[어울리는 음료] 레드 와인, 향이 강한 화이트 와인

쥐라의 삼호 지방

쥐라주의 뇌샤텔호수, 비엘호수, 무르텐호수 인근 지역은 삼호(三湖) 지방이라고 부르는데, 이곳은 세계적인 시계 브랜드의 본사가 모여 있는 시계 산업의 메카로 유명하다. 호반 주변으로는 포도밭이 펼쳐져 있으며 고품질 와인의 산지로도 잘 알려져 있다.

이 지역 사람들은 독일어와 프랑스어가 혼용해서 사용하는데 특히 비엘호수 북단에 위치한 비엘은 주민의 약 60퍼센트가 독일어를, 40퍼센트가 프랑스어를 사용한다. 그래서 독일어와 프랑스어가 마을 공용어이며 쓰이며 '두 개국어 마을'이라고도 불린다.

▶ 비엘의 풍경

'수도사의 머리'라는 뜻을 가진 테트 드 무안은 프랑스와 인접한 스위스 서부 쥐라 지방에서 만드는 반경성 치즈다. 테트 드 무안은 12세기에 벨레 수도원의 수도사들이 처음 만들었다고 전해진다. 머지않아 수도사들은 농가에 치즈 제조법을 전수하였고 그 대가로 매년 수도사 수만큼 치즈를 납품받았다고 한다. 18세기에 프랑스 혁명으로 수도사들이 추방되었지만 인근 농가에서는 계속 치즈를 만들었다.

테트 드 무안은 전나무의 일종인 에피세아로 만든 판자 위에 올려놓고 숙성시킨다. 얇게 깎으면 냄새가 약해지고 입안에서 사르르 녹아내리는 식감을 즐길 수 있다. 1982년에 '지롤(girolle)'이라고 불리는 테트 드 무안 전용 도구가 개발되면서부터 꽃잎처럼 얇게 깎아 먹는 방식이 주류로 자리 잡았다. 지롤이라는 이름은 치즈를 깎은 형태가 지롤 버섯과 비슷하다고 해서 붙여졌다.

▲ 숙성 중인 테트 드 무안. 숙성하는 동안 세척을 거치면서 오렌지색으로 변해 간다.

RECIPE

화려한 치즈 플레이트

카네이션 꽃잎과 같은 모양의 테트 드 무안은 파티나 손님 접대용 요리로 내놔도 손색이 없다. 가벼운 안주나 애피타이저로 호밀빵에 무화과와 테트 드 무안을 곁들여 내놓거나 샐러드에 테트 드 무안만 얹어도 훨씬 더 화려해진다. 말랑말랑한 식감을 마음껏 즐기고 싶다면 가열 요리에 넣기보다는 지롤로 깎아서 접시에 듬뿍 담아 그대로 먹는 게 가장 좋다.

▲ 해바라기 씨로 포인트를 준 호밀빵에 테트 드 무안과 무화과를 얹어서 먹는다.

◀ 스위스 치즈로 채워진 치즈 플레이트. 테트 드 무안을 곁들인 것만으로 한층 더 화려해진다.

젖가슴이라는 애칭을 가진 치즈

스페인

테티야 TETILLA

▲ 그대로 먹어도 맛있지만 열에 잘 녹아서 파이나 키슈 등에도 적합하다.

DATA

[원산지] 스페인 북서부

[원유] 우유

[사이즈] 지름 9~15cm,
두께 9~15cm,
무게 500g~1.5kg

[풍미] 크림처럼 부드러운 식감, 우유의 달콤함

[먹는 방법] 그대로 먹거나 파이와 키슈 등에 넣어 먹는다.

[어울리는 음료] 드라이 화이트 와인

해산물이 풍부한 갈라시아 지방

스페인 북서부 갈리시아는 남쪽으로 포르투갈과 국경을 접한 지방이다. 주도(州都) 산티아고 데 콤포스텔라는 산티아고 순례 길을 걷는 순례자들의 최종 목적지로도 유명하다.

갈리시아 지방은 어패류 요리가 유명하며 재료 본연의 맛을 살린 심플한 요리가 많다. 폴포 아 페이라(갈라시아 지방의 전통 문어 요리)는 스페인에서도 널리 사랑받는 음식이자 간단한 식사와 술을 파는 바르(bar)의 간판 메뉴이기도 하다. 또 홍합 양식이 세계적으로 유명한데 요리사들 사이에서는 질과 맛, 크기 모두 정평이 나 있다고 한다.

▶ 대서양에 면한 비고만

테티야의 원산지는 포르투갈에서 그리 멀지 않은 스페인 북서부 갈리시아 지방이다. 원래 스페인에서는 양유 치즈를 많이 만들지만 테티야는 드물게 우유를 원료로 한다. 갈리시아 지방은 해양성 기후의 영향을 받는 지역이라서 오래전부터 소 목축이 발달한 스페인 최대의 우유 생산지다. 그래서 이 지역에서는 옛날부터 치즈를 만들 때 주로 우유를 사용했다.

둥그스름한 원뿔형인 테티야는 모양이 독특해서 '수녀의 젖가슴'이나 '포근한 젖가슴'이라고도 불린다. 이 형태는 테티야를 제조하기 시작한 6세기에 치즈 성형 틀로 깔때기를 사용한 데서 비롯되었다고 전해진다. 갈리시아 지방은 예로부터 독자적인 문화권이 형성되어서인지 치즈 모양 역시 여느 치즈와는 사뭇 다르다.

테티야는 반경성 타입치고는 수분이 많아서 폭신하고 보들보들한 식감을 즐길 수 있다. 짠맛은 약하며 입안 가득 가벼운 신맛과 부드러운 맛이 퍼진다. 풍미가 깔끔하고 소박해서 누구에게나 사랑받는다. 스페인에서는 얇게 썰어서 숙성 햄과 함께 오르되브르로 내거나 피자, 그라탱 같은 오븐 요리에 사용하는 등 활용도가 높은 치즈다.

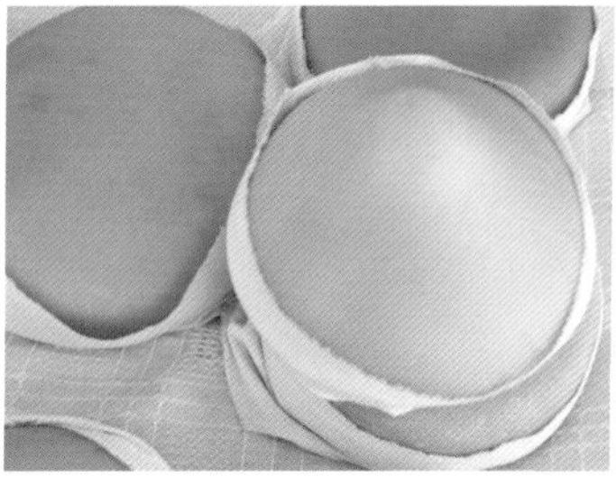

▲농가에서 만드는 테티야는 형태가 변형되지 않도록 밴드로 감아 둔다.

RECIPE

활용도 높은 치즈

프리터는 주키니 호박을 얇게 썰어서 테티야와 렌틸콩, 밀가루, 달걀을 푼 반죽옷을 입힌 다음 프라이팬에 올리브유를 두르고 굽기만 하면 완성되는 간단한 요리다. 파슬리나 오레가노 잎을 얹으면 더 욱더 먹음직스러워 보인다.

엠파나다는 빵 반죽 안에 다양한 속재료를 넣고 굽거나 튀긴 음식이다. 원래는 갈리시아 지방의 전통 요리였는데 지금은 스페인과 중남미 전역에서 즐겨 먹는다. 아래 사진은 시금치와 치즈를 넣은 엠파나다다. 지역에 따라 겉모양도 속에 넣는 재료도 각기 다르다.

▲주키니 호박과 테티야, 렌틸콩, 파슬리로 만든 프리터. 테티야가 입안에서 사르르 녹는다.

◀속에 시금치와 테티야를 넣은 엠파나다

전 세계에서 널리 사랑받는 대표적인 자연 치즈

영국

체다 CHEDDAR

▲고다와 함께 가공 치즈의 원료로 많이 쓰이는 체다

DATA

[원산지] 영국 남부

[원유] 우유

[사이즈] 지름 32cm,
두께 28cm,
무게 27kg

[풍미] 적당한 짠맛과 신맛. 가열하면 풍미가 순해진다.

[먹는 방법] 그대로 먹거나 샌드위치, 그라탱 등에 넣어 먹는다.

[어울리는 음료] 드라이 화이트 와인, 맥주

레드 체다와 화이트 체다

한국이나 일본 마트에서는 '레드 체다'라고도 불리는 오렌지색 체다를 많이 볼 수 있다. 이 색은 숙성 과정에 생긴 게 아니라 식욕을 돋우기 위해 원유에 아나토 색소(아나토 씨앗에서 추출한 색소)를 넣어 착색한 것이다. 최근에는 아나토 색소뿐 아니라 파프리카 색소나 카로티노이드 색소도 사용한다.

한편 전통 제법으로 만든 체다는 옅은 크림색을 띠고 레드 체다와 구별하기 위해 '화이트 체다'라고 부른다. 미국에서는 화이트 체다를 '버몬트 체다'라고 부르기도 한다.

유백색의 화이트 체다 ▶

가공 치즈 원료로도 많이 쓰이는 체다는 부담 없이 먹을 수 있어 전 세계에서 사랑받는다. 16세기 후반부터 영국 서머싯주 체다 마을에서 만들어졌고, 19세기에 낙농업자 조셉 하딩이 생산 방식과 품질을 확립했다. 영국 이주민들이 기술을 전파하면서 현재는 미국, 캐나다, 뉴질랜드 등지에서도 대량 생산된다. 농가에서 전통 방식으로 제조된 체다는 '웨스트 컨트리 팜하우스 체다'라 불리며 원산지 명칭 보호(PDO)를 받는다.

체다는 우유를 응고해 만든 커드를 벽돌 모양으로 잘라서 차곡차곡 쌓아 유청을 제거하는 체다링(Cheddaring)이라는 특수한 공정을 거쳐 제조된다. 숙성 초기에는 상큼한 산미가 있지만 숙성이 진행될수록 버터나 견과류가 떠오르는 고소한 풍미가 난다. 장기간 숙성이 가능하며 어떤 숙성 단계에서든 맛이 순해서 누구나 거부감 없이 즐길 수 있다.

▶ 네모나게 자른 커드를 켜켜이 쌓아가는 체더링 공정

RECIPE

대중적인 메뉴에 두루 사용되는 치즈

열에 잘 녹는 체다는 그라탱이나 토스트에 잘 맞는다. 데친 마카로니와 치즈 소스를 버무린 맥앤치즈에는 보통 체다를 사용한다. 산뜻한 오렌지색의 레드 체다는 얇게 썰어서 샐러드나 타코라이스(오키나와 퓨전요리), 샌드위치에 넣는다. 특히 햄버거의 소고기 패티와 체다의 진한 풍미는 기가 막히게 어울려서 어른 아이 할 것 없이 누구에게나 사랑 받는다.

▲ 미국 학생 식당에 빠지지 않는 메뉴인 맥앤치즈

◀ 햄버거나 샌드위치 빵 사이에 끼우면 색깔도 풍성해진다.

숙성할수록 깊고 진한 맛의 치즈

고다 GOUDA

▲ 부드럽고 버터 같은 단맛이 있는데 숙성 후에도 캐러멜처럼 달콤하다.

DATA

[원산지] 네덜란드

[원유] 우유

[사이즈] 지름 약 35cm,
두께 10~12.5cm,
무게 약 10kg

[풍미] 깔끔하고 순한 풍미. 숙성이 진행되면 향과 풍미가 더욱 풍성해진다.

[먹는 방법] 그대로 먹거나 샌드위치, 피자, 파스타 등에 넣어 먹는다.

[어울리는 음료] 과일 향이 나는 화이트 와인, 맥주

양초의 마을 고다

고다는 암스테르담에서 기차로 불과 한 시간 정도 거리에 있는 도시다. 시청과 교회 등 전통적인 건물이 많고 치즈뿐 아니라 양초와 파이프, 와플 생산지로도 널리 알려졌다.

고다의 양초는 19세기 중반 무렵부터 유명해졌다. 고다에서는 매년 크리스마스 시즌이면 '촛불의 밤'이라는 행사가 열린다. 마르크트 광장에 거대한 크리스마스트리가 점등되고 도시 전체에 촛불이 밝혀지면 종소리에 맞춰 크리스마스 노래를 부르는 이벤트로 관광객도 함께 즐길 수 있다.

▶ 시청 앞 마르크트 광장

고다는 네덜란드 치즈 생산량의 절반 이상을 차지한다. 역사가 상당히 오래되었고 12세기에 네덜란드 남부의 상인들이 하우다 지역에 모여 치즈를 팔았던 데서 하우다라는 이름이 유래되었다. 우리나라에서는 영어식 발음인 '고다'로 널리 알려졌으며 네덜란드어로는 '하우다'라고 발음한다. 일본에는 17세기에 처음 수입되었는데 담백하고 순한 식감과 풍미가 일본인의 입맛에 잘 맞아 널리 사랑받게 되었다.

지름은 약 35센티미터, 무게는 9~12킬로그램이나 되지만 최근에는 부담 없이 먹을 수 있는 300그램 정도 크기의 '베이비 고다'도 판매된다. 또 네덜란드 북부에서 생산되는 '노르트홀란트 고단'는 고다 치즈 중에 유일하게 원산지 명칭 보호(PDO)를 받는다.

갓 만든 고다는 크림처럼 부드럽고 담백하지만 숙성이 진행됨에 따라 아미노산 결정에서 나오는 맛과 향이 강해진다. 보통 웨지형으로 잘라서 판매되며 업소용으로는 껍질이 없는 타입인 '라인드레스 고다'가 많이 사용된다. 그대로 먹어도 맛있지만 가열하면 잘 녹고 맛도 순해지므로 오븐 요리에 잘 맞는다.

▲ 네덜란드에서 오랜 역사를 자랑하는 치즈 시장. 수많은 고다가 진열된다.

RECIPE

만능 자연 치즈

고다는 맛이 담백해서 다양한 요리에 쓸 수 있는 만능 자연 치즈다. 숙성이 진행된 것은 그대로 먹어도 좋지만 수프나 샐러드의 토핑으로도 제격이다. 빵과 함께 맛보고 싶다면 캐나다에서 탄생한 몬테크리스토 샌드위치를 추천한다. 식빵 사이에 햄과 치즈를 끼워 넣고 달걀옷을 입혀 프렌치토스트처럼 구운 샌드위치인데, 녹아내린 고다의 은은한 풍미가 일품이다.

▲ 갓 깎은 고다를 얹은 브로콜리 크림 수프

◀ 프렌치토스트처럼 간단히 만들 수 있는 몬테크리스토 샌드위치

이탈리아의 테이블 치즈

아시아고 ASIAGO

▲20일 정도 숙성한 후에 먹는 아시아고 프레사토는 '일상용'으로 인기가 높다.

DATA

[원산지] 이탈리아 북부

[원유] 우유

[사이즈] 프레사토 지름 30~40cm, 두께 11~15cm, 무게 11~15kg

[풍미] 프레사토는 은은한 산미와 우유의 단맛이며, 달레보는 농축된 감칠맛

[먹는 방법] 그대로 먹거나 파스타나 리조토에 넣어 먹는다.

[어울리는 음료] 과일 향이 나는 레드 와인, 사케

세계 유산의 마을 비첸차

아시아고 마을이 있는 비첸차는 도시 전체가 세계 유산인 아름다운 도시다. 르네상스 시대의 저명한 건축가 팔라디오가 설계한 저택과 공공시설이 줄지어 있어 '팔라디오의 거리'라고 불리는 구시가지와 교외에 있는 저택 스물 세곳이 세계 유산으로 등록되어 있다. 시간이 유유자적하게 흐르는 곳이므로 도심 관광에 지쳤다면 꼭 한 번 들러 보는 것도 좋다. 식문화도 풍부해서 전통 음식인 비첸차식 말린 대구요리나 폴렌타 등이 유명하다.

▶비첸차의 풍경

아시아고의 원산지는 이탈리아 북동부 비첸차현의 고산 지대에 위치한 아시아고 마을로, 13세기 무렵 혹독한 겨울을 나기 위한 장기 보존용 식품으로 만들어지기 시작했다. 원래는 양유로 만들어서 '비첸차의 페코리노'라고 불렸지만 16세기부터는 우유로 만들게 되었다. 현재 이탈리아에서 대중적인 아시아고는 '프레사토'와 '달레보'라는 두 가지 타입인데, 둘은 숙성 기간뿐 아니라 제조 공정도 다르다.

숙성 기간이 짧은 프레사토는 생산량이 많아서 이탈리아 전역에 유통된다. 부드럽고 탄력적이며 은은한 신맛과 단맛이 특징이다. 맛이 강하지 않고 먹기 편해서 테이블 치즈나 파니니 재료 등으로 많이 쓰인다. 한편 최소 3개월에서 3년에 걸쳐 천천히 숙성시키는 달레보는 감칠맛이 강해서 생선 요리나 고기 요리에 넣거나 잘게 갈아서 파스타 등에 뿌려 먹는다. 달레보는 생산량이 적지만 이탈리아를 방문한다면 꼭 한 번 맛보길 추천한다.

▲ 산록이 펼쳐진 아시아고 마을

RECIPE

치즈 베이글의 기본 치즈

오래 숙성해 맛이 깊은 아시아고 달레보는 레드 와인 외에도 사케와도 궁합이 잘 맞는다. 그대로 먹거나 강판에 갈아서 파스타나 리조토에 뿌려 먹자. 열에 잘 녹는 아시아고 프레사토는 빵에 얹어서 구워도 맛이 그만이다. 아시아고로 맛을 낸 베이글은 미국의 레스토랑 체인점에서 개발된 후 치즈 베이글의 기본형이 되었다.

▲ 새우와 아시아고 달레보로 맛을 낸 심플한 파스타

◀ 진한 치즈 풍미와 쫄깃한 식감이 일품인 아시아고 베이글

워시 타입과 반경성 타입의 중간

르블로숑 REBLOCHON

▲ 농가마다 맛이 다른 르블로숑 페르미에.
가운데에 찍힌 카제인 라벨은 농가에서 만든 제품이라는 표시다.

DATA

[원산지] 프랑스 동부

[원유] 우유

[사이즈] 지름 약 14cm,
두께 약 3.5cm,
무게 450~550g

[풍미] 나무 열매 같은 은은한 향, 부드럽고 우아한 풍미

[먹는 방법] 그대로 먹거나 오븐 요리에 넣어 먹는다

[어울리는 음료] 드라이 화이트 와인

사부아의 보석, 안시

스위스, 이탈리아와 국경을 접한 사부아 지방은 알프스산맥과 레만호수에 인접한 자연이 풍부한 지역이다. 오트사부아의 주요 도시인 안시 역시 산과 녹음으로 둘러싸인 아름다운 호반 마을이다. 작은 마을이지만 곳곳에 맑은 운하가 흐르는 경관이 아름다워서 '프랑스의 베네치아'나 '사부아의 보석'이라고도 불린다.

구시가지에는 중세 시대에 감옥으로 사용되었던 팔레드릴을 비롯해 12~17세기에 세워진 건축물이 오래된 거리를 따라 늘어서 있다. 또 안시호수에서는 보트와 유람선을, 산에서는 스키나 패러세일링 등의 레저 스포츠를 다양하게 즐길 수 있다.

▶ 안시의 아름다운 운하

르블로숑은 알프스의 풍요로운 자연의 혜택을 누리는 프랑스 사부아 지역이 원산지인 치즈다. 르블로숑이라는 이름은 '한 번 더 짜다'라는 뜻을 가진 르블로슈(rebloche)에서 유래했다. 13세기 무렵 농부들은 지주의 땅에 소를 방목하는 대신 착유한 우유의 일정량을 지주에게 바쳐야 했다. 그래서 젖을 다 짜지 않고 남겨 두었다가 착유량 조사가 끝나고 나면 한 번 더 몰래 착유했다. 그렇게 나중에 짜서 농도가 진한 젖으로 만든 치즈가 르블로숑의 시작이다.

현재 르블로숑은 풍부한 고산 식물을 먹고 자란 아봉당스종, 타랑테즈종 즉 산악종 젖소의 원유로만 만든다. 특히 여름철 산악 지대에 방목한 소의 젖으로 만든 르블로숑은 각별하다. 표면을 소금물로 씻으며 숙성시키지만 세척 횟수가 적어서 워시 치즈 특유의 향이 약해 먹기 편하다. 표면에는 안나토 색소로 색을 입혔고 속살은 촉촉하다. 부드러운 우유 풍미가 있어 진입 장벽이 낮으므로 워시 치즈 입문자에도 적합한 치즈다.

▲ 아름다운 알프스 여름 방목지에서 스트레스 없이 풀을 뜯으며 자라는 아봉당스 젖소

RECIPE

가열할 때 살아나는 풍미

르블로숑은 가열하면 한층 더 맛이 살아난다. 따르띠플레뜨는 르블로숑을 듬뿍 넣은 그라탱이다. 르블로숑은 여름이 제철이지만 스키를 즐기는 사람들에게 인기가 높아서 겨울에도 수요가 많다. 따르띠플레뜨는 원래 르블로숑으로 만들지만 최근에는 타르티플레트용 치즈가 나돌 정도다. 여름철 방목 시기에 산막에서 먹는 따르띠플레뜨는 그야말로 꿀맛이다.

▲ 햄과 양파, 르블로숑으로 만든 심플한 피자

◀ 듬뿍 올린 치즈와 베이컨의 맛이 일품인 따르띠플레뜨

특유의 향과 우유의 진한 단맛의 마운틴 치즈

폰티나 FONTINA

▲ 원래는 혹독한 겨울을 나기 위한 보존 식품으로 만들었다.

DATA

[원산지] 이탈리아 북부

[원유] 우유

[사이즈] 지름 35~45cm,
두께 7~10cm,
무게 7.5~12kg

[풍미] 독특한 향과 견과류 풍미, 벌꿀처럼 달콤한 맛

[먹는 방법] 파스타, 피자, 그라탱, 리조토 등에 넣어 먹는다.

[어울리는 음료] 화이트 와인

천국에 가까운 발레다오스타주

이탈리아 북서부 발레다오스타주는 서쪽으로는 프랑스, 북쪽으로는 스위스와 국경을 접한 지역으로 알프스산맥의 남측에 위치하며 몽블랑, 마터호른, 몬테로사 등 유럽이 자랑하는 4,000m급 명산에 둘러싸인 자연의 보고다. 여름에는 이탈리아에서 손꼽히는 고급 피서지로, 겨울에는 산악 스키의 메카로 관광객의 발길이 끊이지 않는다.

특히 발레다오스타주에서 가장 오래된 스키 휴양지인 쿠르마유르는 관광 시설이 잘 갖춰져 있다. 교통도 편리해서 알프스산맥을 관통하는 몽블랑 터널을 이용하면 프랑스 샤모니까지 30분이면 갈 수 있다.

▶ 몽블랑 케이블카

폰티나는 이탈리아 북서부 발레다오스타주에 있는 열두 곳의 산골짜기에서 만들어지며 원산지 명치 보호(DOP)를 받는다. 프랑스와 스위스의 국경에 근접한 고산 지대에서 생산되는데 주위에는 마터호른, 몽블랑, 몬테로사, 그란파라디소 등 명산이 우뚝 솟아 있다. 2백년 전까지 구리 채굴장으로 쓰인 2,000미터 길이의 거대한 터널 안에 일곱 곳의 공동 숙성고가 있으며 이곳에서 숙성이 이루어진다.

폰티나는 13세기 무렵 겨울용 보존 식품으로 만들기 시작했으며 표면을 소금물로 씻으면서 약 3개월간 숙성시킨다. 견과류 향과 부드러운 질감, 단맛과 함께 희미한 쓴맛과 떫은 맛이 복잡하게 교차하는 개성 만점의 치즈다. 껍질은 오렌지색이고 속살은 크림색이다. 출하하기 전에 협회에서 나온 검사관이 엄격하게 검사하는데, 검사에 합격한 폰티나에는 협회 도장이 찍힌다.

이탈리아식 치즈 퐁듀인 폰두타(fonduta)에 넣는 치즈로 인기가 높고, 뇨키나 폴렌타에도 잘 어울린다.

▲광차가 달리던 터널을 개조해 만든 숙성고

RECIPE

퐁듀, 가장 맛있게 먹는 법

폰티나를 가장 맛있게 먹는 방법은 집에서도 간단히 만들 수 있는 이탈리아식 치즈 퐁듀 폰두타다. 버터를 녹인 후 달걀노른자와 화이트 와인, 폰티나를 넣고 끓인 다음 캄파뉴 등의 빵이나 채소에 찍어 먹는다. 버터와 달걀노른자가 들어가서 일반 치즈 퐁듀보다 맛이 진하다. 또 파스타나 뇨키 소스에 넣으면 달콤한 맛과 향이 더욱 강해져 한층 더 맛있게 즐길 수 있다.

▲폰티나 크림소스를 곁들인 감자 뇨키

◀이탈리아식 치즈 퐁듀인 폰두타

태양와 루이 14세가 사랑한 유서 깊은 치즈

프랑스

생넥테르 SAINT-NECTAIRE

▲곰팡이로 뒤덮인 농가제 생넥테르는 생산량이 적어서 귀한 대접을 받는 치즈다.

DATA

[원산지] 프랑스 오베르뉴 지방

[원유] 우유

[사이즈] 지름 약 20~24cm,
두께 3.5~5.5cm,
무게 1.85kg 이하

[풍미] 강한 짠맛과 특유의 풍미

[먹는 방법] 그대로 먹거나 오믈렛, 샐러드, 빵에 넣어 먹는다.

[어울리는 음료] 과일 향이 나는 레드 와인

유럽 최대 규모의 자연 보호 구역

생넥테르는 유럽 최대 규모의 자연 보호 구역인 프랑스 중부 오베르뉴 지방에서 탄생했다. 오베르뉴 지방은 8만~8,500년 전 화산 활동이 만들어낸 산악지대로 퓌산맥을 따라 휴화산과 호수, 방목에 적합한 목초 지대가 파노라마처럼 펼쳐져 있다.

산과 자연이 풍부한 이 지역은 미네랄워터 볼빅의 수원지로도 유명하며 물이 정말 깨끗해서 수돗물을 그대로 마셔도 될 정도다. 이 웅대한 자연이 치즈 산업을 지탱해 주는 원천이다.

◀질 좋은 지하수를 품은 오베르뉴의 산들

생넥테르는 중세시대부터 생산되었지만 17세기에 생넥테르 원수가 태양왕 루이 14세에게 이 치즈를 헌상하면서 일약 유명해졌다. 생산지인 오베르뉴 지방은 평균 고도가 750미터인 데다가 화산암으로 이루어진 척박한 토양이라 농사에 적합하지 않다. 하지만 목초지가 풍부해서 오랜 옛날부터 농장에서는 방목한 젖소에게 얻은 질 좋은 우유로 생넥테르를 만들었다. 17세기 이전에는 화산암으로 이루어진 천연 동굴 안에 호밀짚을 깔고 그 위에서 숙성시켜 '호밀 치즈'라고 불렸다고 한다.

요즘도 많이 생산되는 농가제 생넥테르는 흰색이나 빨간색, 노란색 곰팡이에 뒤덮여 있고 은은한 버섯 향과 헤이즐넛 풍미가 있다. 질감은 비단처럼 부드럽고 맛은 소박하다. 파리나 해외로 출하하는 제품은 곰팡이를 깔끔히 벗겨낸다. 농가제에는 타원형 카제인 라벨이, 공장제에는 정사각형 카제인 라벨이 찍혀 있어서 라벨로 구분할 수 있다. 1948년에 치즈 개선 캠페인이 펼쳐지면서 독자적인 라벨이 생겼고 1955년에 AOC를 획득했다

▲ 말랑말랑하고 가격이 저렴한 공장제 생넥테르도 인기가 많다.

RECIPE

소박한 향토 음식의 맛

오베르뉴 지방은 목축이 활발한 만큼 육류와 치즈로 만든 심플하고 소박한 맛의 향토 음식이 많다. 팬에 버터나 기름을 두르고 채 썬 양파를 넣어 갈색빛이 돌 때까지 충분히 볶은 후 스프스톡을 붓고 한소끔 끓여낸 프렌치 어니언 스프. 구운 바게트를 얹고 생넥테르를 갈아서 듬뿍 뿌리자.

▲ 생넥테르 향이 식욕을 돋우는 감자 팬케이크

◀ 프랑스인이 사랑하는 프렌치 어니언 스프. 보통 꽁테를 사용하지만 공장제 생넥테르로 만들어도 맛있다.

2천 년이 넘는 오랜 역사를 가진 치즈

깡딸 CANTAL

▲ 숙성기간 3~6개월로 맛이 풍부해서 가장 인기가 높은 앙트르 되

DATA

[원산지] 프랑스 오베르뉴 지방

[원유] 우유

[사이즈] 지름 36~42cm, 무게 35~45kg

[풍미] 견과류 같은 소박한 풍미와 산미, 톡 쏘는 식감

[먹는 방법] 그대로 먹거나 핫 샌드위치, 알리고에 넣어 먹는다.

[어울리는 음료] 드라이 화이트 와인, 과일 향이 나는 레드 와인

화산의 땅 오베르뉴 지방

프랑스 중앙에 위치한 오베르뉴 지방은 화산을 수원(水原)으로 하는 광천수의 혜택을 누리는 자연이 풍부한 지역이다. 혹독한 겨울이 길게 이어지는 캉탈은 농경보다는 낙농에 적합해서 오랜 옛날부터 목축업이 발달했다.

깡딸의 살레는 치즈명과 소의 품종명으로도 유명한 오베르뉴 지방의 중심지다. 마을에는 탑이나 성 같은 역사 건축물이 많아서 프랑스에서 가장 아름다운 마을 중 하나로 꼽힌다. 치즈 제조에 관한 오래된 자료와 도구를 전시하는 박물관도 있으므로 방문할 기회가 생기면 꼭 한 번 둘러봐야 한다.

▶ 오베르뉴 화산 지대

깡딸은 프랑스 중부 오베르뉴 지방의 깡딸이 원산지인 마운틴 치즈다. 은은한 견과류 향이 나는 소박한 치즈로, 숙성되면 껍질이 단단하고 우둘투둘해진다. 역사는 기원전까지 거슬러 올라가며 로크포르와 함께 프랑스에서 가장 오래된 치즈로 꼽힌다.

무게가 40킬로그램인 깡딸을 만들려면 우유 400리터가 필요하다. 폐선(廢線)된 터널을 개조해서 만든 숙성고에서 숙성시키는데 숙성 기간에 따라 명칭이 각기 다르다. 숙성 기간이 2개월 미만인 깡딸은 '죈', 3~6개월은 '앙트르 되', 6개월 이상은 '비외'라고 부른다. 숙성한 지 얼마 되지 않았을 때는 비교적 담백하지만 숙성이 진행됨에 따라 농후면서도 복잡하고 강한 풍미가 생긴다. 제조일자는 측면에 붙어 있는 조각의 등록 번호로 확인할 수 있다. 같은 오베르뉴 지방산 치즈인 라기올(Laguiole)이나 쌀레와 맛도 형태도 비슷하지만 깡딸의 생산량이 압도적으로 많고 프랑스 국민에게도 가장 사랑받는다.

▶ 젖소보다는 육우로 귀한 대접을 받는 살레종

RECIPE

프랑스에서 간편하게 사용되는 치즈

깡딸을 사용한 요리 중에서는 알리고가 특히 유명하다. 알리고는 으깬 감자에 버터, 우유, 숙성시키지 않은 깡딸을 넣고 익힌 후 마늘과 소금, 후추로 맛을 낸 심플한 향토 음식이다. 라드(돼지기름)에 감자와 베이컨, 깡딸을 넣어 볶아낸 트뤼파드는 여름철 방목 기간 동안 산에서 지내는 남자들이 산막에서 만들어 먹은 요리에서 유래했다고 전해진다.

▲ 프랑스 중부의 향토 음식인 알리고

◀ 깡딸을 아낌없이 넣은 트뤼파드

한가운데를 가로지르는 검은색 선이 트레이드 마크인 치즈

모르비에 MORBIER

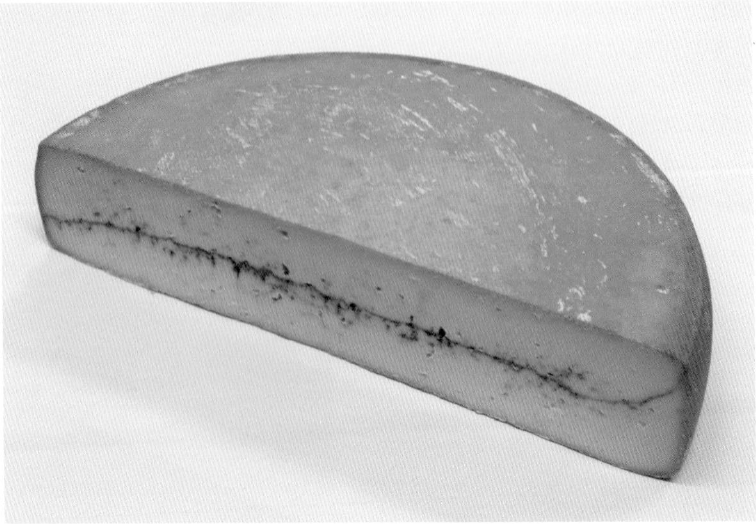

▲ 모르비에의 검은 띠는 식용 숯가루여서 먹어도 해롭지 않다.

모르비에의 원산지는 스위스와 국경을 접한 프랑슈꽁떼 지방이다. 이 지역의 외딴 농가에서는 겨울철이면 폭설 때문에 프뤼티에르(치즈 제조소)까지 우유를 운반할 수 없어서 직접 집에서 치즈를 만들었는데, 이것이 모르비에의 시작이었다.

모르비에는 밤에 커드를 틀에 넣고 해충을 쫓기 위해 검댕을 뿌려 보관했다가 다음 날 아침 그 위에 두 번째 커드를 보충하는 방식으로 만들었다. 그래서 치즈 중심부에 검은색 띠가 들어가 있다. 지금은 식용 숯가루로 이 선을 만들어 모르비에의 특징적인 자취를 이어가고 있다. 완전히 숙성되기 전, 그윽한 향과 쫄깃한 식감, 우유의 단맛과 순한 맛이 날 때가 먹기 알맞은 시기다.

DATA

[원산지] 프랑스 동부

[원유] 우유

[사이즈] 지름 30~40cm,
두께 5~8cm,
무게 5~8kg

[풍미] 쫀득쫀득한 식감과 단맛, 흐릿한 쓴맛

[먹는 방법] 그대로 먹거나 샌드위치에 넣어 먹는다.

[어울리는 음료] 드라이 화이트 와인, 가벼운 레드 와인

▲ 프랑슈꽁떼 지방을 대표하는 품종인 몽벨리아르드 소

지방 함량이 높아 맛이 진하고 풍부한 마운틴 치즈

아봉덩스 ABONDANCE

© Frédérique Voisin-Demery/flickr

▲ 측면이 전체적으로 완만하게 패어 있다.

아봉덩스는 14세기에 스위스 국경 근처 아봉덩스 골짜기에 있는 성 아우구스티노 수도원에서 처음 만들어졌으며, 이름은 아봉덩스 품종의 우유로만 만드는 데서 유래하였다. 마운틴 치즈로는 드물게 전유로 만들므로 지방 함량이 높아 맛이 진하고 풍부하다는 특징이 있다. 숙성되면 달콤하면서도 그윽한 헤이즐넛 향과 깊고 진한 풍미가 난다. 측면이 수레바퀴 모양이어서 옛날에는 그 부분에 줄을 감아 운반했다고 하는데, 현재는 제조자와 제조 일자가 표시된 카제인 라벨이 붙어 있다. 타원형 마크는 농가에서, 사각형 마크는 공장에서 제조된 것이다.

DATA

[원산지] 프랑스 동부 **[원유]** 우유

[사이즈] 지름 약 40cm, 무게 6~12kg

[풍미] 달콤하고 그윽한 견과류 풍미

[먹는 방법] 그대로 먹거나 가열해서 바게트, 참마, 감자 등에 얹어 먹는다.

[어울리는 음료] 레드 와인, 사케

▲ 숙성 중인 아봉덩스

해를 넘기는 긴 숙성기간으로 탄생하는 치즈

파르미지아노 레지아노
PARMIGIANO REGGIANO

▲ 요리에 솔솔 뿌려주기만 해도 맛이 훨씬 깊고 풍부해진다.

DATA

[원산지] 이탈리아 북부

[원유] 우유

[사이즈] 지름 35~45cm,
두께 20~26cm,
무게 최저 30kg

[풍미] 까끌까끌한 식감, 장기 숙성에 따른 감칠맛, 순한 풍미

[먹는 방법] 그대로 먹거나 파스타, 샐러드 등에 넣는다.

[어울리는 음료] 과일 향이 나는 화이트 와인, 레드 와인

미식과 예술의 마을 파르마

에밀리아로마냐주에 속한 파르마는 962년 설립되어 세계에서 가장 오래된 대학 중 하나로 꼽히는 파르마 대학이 있는 도시다. 미식의 마을로도 명성이 높으며 세계 3대 햄인 파르마 햄 등의 특산품이 유명하다.

코레조와 파르미자니노로 대표되는 파르마 화파의 화가들이 활약한 예술의 도시로도 잘 알려졌다. 마을 곳곳에서 파르마 대성당의 천장화를 비롯한 그들의 작품을 감상할 수 있다. 전반적으로 고즈넉한 마을이지만 볼거리는 풍성하다.

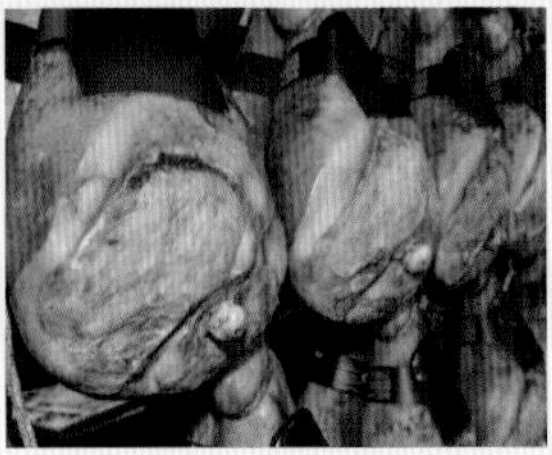

▶ 파르마 햄

파르미지아노 레지아노는 한국이나 일본에서 '파르메산(Parmesan)'이라는 이름으로 더 널리 알려진 치즈로 파르미지아노는 '파르마의', 레지아노는 '레조넬에밀리아의'라는 뜻으로 마을 이름이다. 이 치즈의 탄생은 두 마을이 속한 거대한 곡창 지대로, 완만한 산간 지역과 평원이 펼쳐졌으며 자연이 풍부하고 토지가 비옥해서 질 좋은 우유가 생산된다.

한 덩어리의 무게가 40킬로그램이나 되는 파르미지아노 레지아노를 만들려면 우유 약 600리터가 필요하다. 최소 1년 이상 숙성시키는데 2년 숙성시킨 제품이 가장 인기가 많다. 숙성이 길어질수록 진하고 농축된 맛이 강해지며 감칠맛을 내는 아미노산 결정이 자금자금 씹힌다. 또 파르미지아노 레지아노와 겉모습도 맛도 꼭 닮은 그라나 파다노는 저렴하고 쓰기 편해서 생산량이 파르미지아노 레지아노를 훨씬 앞지른다. 파르미지아노 레지아노는 그대로 먹는 것은 물론 갈아서 파스타에 뿌리거나 리조토에 넣는 등 이탈리아 식탁에서 빠지지 않는 음식이다.

▶ 북 모양의 파르미지아노 레지아노를 자르는 커팅 쇼

RECIPE

음식을 완성하는 최후의 맛

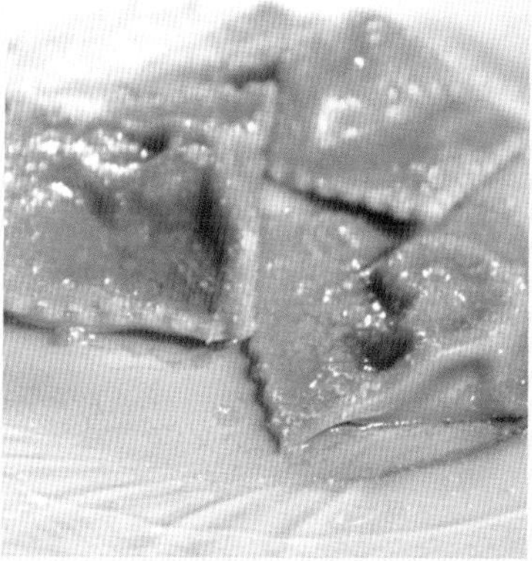

▲ 에밀리아로마냐의 향토 음식인 라비올리

파르미지아노 레지아노는 요리를 마무리하는 데 빼놓을 수 없는 존재다. 에밀리아로마냐의 향토 음식인 라비올리는 삶아서 소스에 버무려 먹거나 스프에 넣어 먹는다. 물론 파르미지아노 레지아노를 듬뿍 넣는 게 철칙이다. 파르미지아노 레지아노는 파스타, 리조토, 수프를 만들 때도 활약이 대단하다. 에밀리아로마냐의 요리는 파르미지아노 레지아노를 빼놓고는 논할 수 없을 정도다.

◀ 파스타와 채소를 듬뿍 넣고 끓인 미네스트로네

로마 제국 시대부터 역사를 이어온 강한 짠맛과 단단한 질감

페코리노 로마노

PECORINO ROMANO

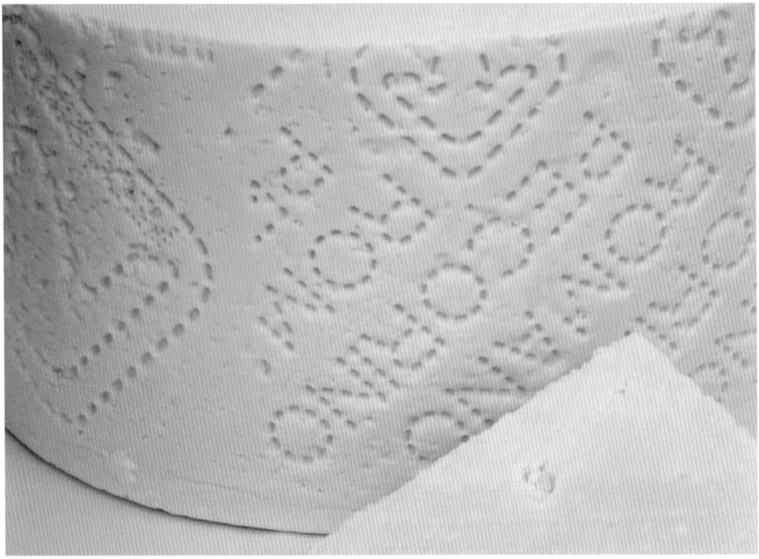

▲ 페코리노 로마노는 짠맛이 강해서 조미료 대신 써도 좋다.

DATA

[원산지] 이탈리아 북부

[원유] 양유

[사이즈] 지름 25~35cm,
두께 25~40cm,
무게 20~35kg

[풍미] 강한 짠맛과 은은한 신맛, 양유 특유의 향취

[먹는 방법] 그대로 먹거나 파스타, 샐러드 등에 넣어 먹는다.

[어울리는 음료] 향이 강한 레드 와인, 사케

누에콩과 페코리노 로마노

봄이 되면 로마의 시장에는 파베(fave)라고 불리는 생으로 먹는 누에콩이 진열대 가득 채워져 있다. 페코리노 로마노 특유의 자극적인 풍미와 강한 짠맛은 누에콩의 풋풋하면서도 쌉싸래한 맛과 잘 어울려서 와인이 술술 넘어가게 한다. 매년 5월 1일 노동절에 누에콩과 페코리노 로마노, 와인을 들고 소풍을 나가 치즈와 생누에콩을 즐기는 것이 로마의 봄을 상징하는 풍경이다.

생누에콩을 먹는 습관은 고대 로마 시대부터 이어져 왔는데 봄이 왔음을 축하하고 행복과 번영을 기원하는 의미가 담겨 있다. 생으로 먹는 데 익숙하지 않다면 키슈나 프리타타, 파스타에 넣어 먹자.

▶ 봄이 왔음을 알리는 누에콩

페코리노 로마노는 이탈리아에서 가장 긴 역사를 이룬 치즈로 기원전 고대 로마 제국 시대까지 거슬러 올라간다. 전설에 따르면 로마 제국 건국의 아버지 로물루스가 양유로 치즈를 만든 것이 시초라고 한다.

페코리노라는 이름은 이탈리아어로 암양을 의미하는 페코라(pecora)에서 유래했으며 로마노는 로마 근교에서 만들어졌다고 해서 붙여졌다. 20세기 들어 수많은 이탈리아인이 미국으로 건너가면서 페코리노 로마노의 수요가 늘어났고, 그로 인해 양유 생산량이 많은 사르데냐섬으로 생산지가 옮겨졌다. 현재는 페코리노 로마노 전량을 사르데냐섬에서 제조한다.

페코리노 로마노는 보존성이 뛰어나고 영양가가 뛰어나서 원정길에 나선 로마 병사의 휴대 식량으로도 사용되었다. 단맛이 거의 없고 짠맛이 강해서 자극적이지만 요즘은 염분을 줄여 순하고 먹기 편하게 만든 제품도 많아졌다. 이탈리아 현지에서는 로마에서 탄생한 까르보나라를 만들 때 페코리노 로마노를 사용한다.

▲ 사람보다 양이 더 많다는 사르데냐섬의 목양 풍경

RECIPE

까르보나라의 풍미를 살리는 치즈

잘게 간 파르미지아노 레지아노와 바질, 마늘, 올리브유를 잘 섞어서 페이스트로 만들면 농후한 치즈 풍미가 가득한 제노베제 소스가 완성된다. 제노베제 스파게티나 해산물 요리 등에 두루 활용할 수 있다. 까르보나라 스파게티에 파르미지아노 레지아노와 파르미지아노 레지아노를 함께 넣으면 풍미가 한층 더 깊어진다. 집에서 본고장의 맛을 재현해 보자.

▲ 재료와 분량을 입맛에 맞게 조절해서 즐길 수 있는 제노베제 소스

◀ 치즈와 베이컨을 아낌없이 넣은 까르보나라

그물코 무늬의 부담없는 스페인 양유 치즈

퀘소 만체고
QUESO MANCHEGO

▲ 스페인의 퀘소 만체고 생산량은 연간 약 2,500톤. 생산량에서나 지명도에서나 단연 1위를 달리는 치즈다.

DATA

[원산지] 스페인 중부

[원유] 양유

[사이즈] 지름 22cm 이하,
두께 12cm 이하,
무게 400g~4kg

[풍미] 알싸한 자극과 짠맛 속에 양유 특유의 풍미와 단맛이 느껴진다.

[먹는 방법] 그대로 먹거나 잼이나 꿀을 곁들여 먹는다.

[어울리는 음료] 과일 향이 나는 레드 와인, 셰리 와인

돈키호테의 무대 라만차 지방

마드리드 남쪽에 위치한 라만차는 아랍어로 '메마른 땅'이라는 의미이며, 이름 그대로 강풍이 거칠게 불어대는 붉고 건조한 대지가 펼쳐져 있다. 세르반테스의 소설 『돈키호테』의 주인공이 방랑 여행을 이어간 무대로도 유명하며, 광활한 고원에는 요새 유적지와 풍차들이 보존되어 있다.

마드리드에서 열차로 30분 정도 거리에 있는 카스티야라만차주의 주도(州都)인 톨레도는 구시가지 전체가 세계 문화유산으로 지정되어 있다. 이슬람교 문화와 기독교 문화가 공존하는 중세의 모습을 간직한 톨레도는 한 번쯤 직접 눈에 담고 싶은 도시다.

▶『돈키호테』에 등장하는 캄포 데 크립타나 마을의 풍차

스페인을 대표하는 치즈인 퀘소 만체고는 스페인 중부 라만차 지방에서 자라는 만체가 품종 양의 전유로 만드는 경성 타입 치즈다. 세계적으로 유명한 세르반테스의 소설『돈키호테』에도 이 치즈가 등장하며 수백 년 전부터 만들어졌다는 기록이 남아 있다.

퀘소 만체고의 트레이드마크는 측면에 있는 지그재그 무늬인데, 이 무늬는 볏과 식물의 하나인 에스파르토 풀을 엮어 만든 플레이타라는 틀에 넣어 성형할 때 생긴 자국이다. 현재는 위생상의 이유로 플레이타의 무늬를 재현한 플라스틱 틀을 사용한다.

견과류 풍미와 꿀처럼 달콤하고 진한 맛이 특징이다. 라만차의 건조한 평원에서 방목한 양의 젖은 들풀 향이 강하며, 그 젖으로 만든 치즈 역시 깊고 진한 풍미가 있다. 스페인에서는 숙성한 지 얼마 안 된 어린 만체고는 '프레스코', 3개월 숙성한 것은 '쿠라도', 장기 숙성한 것은 '비에호'라고 부른다. 셰리 와인과 함께하면 퀘소 만체고 본연의 풍부한 향을 만끽할 수 있다.

▲ 과거 퀘소 만체고를 성형할 때 쓰였던 에스파르토 풀로 만든 플레이타. 현재는 플라스틱 틀을 사용한다.

RECIPE

단맛의 잼과 꿀을 곁들인 요리

스페인에서는 보통 얇게 썬 퀘소 만체고 위에 멤브리요(모과를 조려서 굳힌 페이스트)를 얹어 먹는다. 멤브리요를 구할 수 없는 경우는 딸기잼이나 꿀을 얹어 먹으면 짠맛과 단맛이 어우러져 또 다른 풍미를 즐길 수 있다. 또 퀘소 만체고와 허브를 올리브유에 절이면 보존 기간도 길어지고 빵과도 찰떡궁합을 이룬다.

▲ 퀘소 만체고와 멤브리요, 스페인산 햄으로 구성된 타파스

◀ 퀘소 만체고 올리브유 절임

빨간 공이라 불리는 둥글둥글한 치즈

에담 EDAM

▲ 빨간색 왁스로 코팅된 에담의 단면이 마치 사과 같다.

DATA

[원산지] 네덜란드

[원유] 양유

[사이즈] 지름 및 두께 약 14cm, 무게 약 1.8kg

[풍미] 가벼운 산미와 은은한 버터 풍미

[먹는 방법] 그대로 먹거나 파스타, 쿠키 등에 넣는다.

[어울리는 음료] 드라이 화이트 와인, 과일 향이 나는 레드 와인

치즈의 마을 에담

암스테르담에서 버스를 타고 북쪽으로 30분쯤 올라가면 세계적으로 유명한 '치즈 마을 에담'이 있다. 에담은 주르륵 늘어선 빨간 벽돌집과 아름다운 운하, 하얀색 목제로 만든 도개교가 인상적인 아담하고 동화 속 같은 마을이다.

치즈 제조 역사가 긴 에담에서로 만든 가장 큰 볼거리는 뭐니 뭐니 해도 역시 치즈 시장이다. 매년 7월에서 8월 수요일이면 치즈 시장이 열리고 수많은 관광객의 발길이 이어진다. 과거 치즈를 거래하던 치즈 계량소에서는 각양각색의 에담 치즈가 판매되며, 창고나 박물관 등 치즈와 관련된 명소가 다채롭다.

▶ 에담의 치즈 판매점

에담은 고다와 함께 네덜란드를 대표하는 반경성 타입 치즈다. 항구 도시로 번창한 에담은 14세기 무렵 치즈를 수출하는 창구 역할을 했는데, 머지않아 이 항구 도시에서 만든 치즈의 이름을 에담이라고 부르게 되었다. 당시 에담은 보존성이 뛰어나고 운송에 적합해서 수출 주력 상품이었다고 한다. 통칭 빨간 공이라고 불리듯 빨간색이나 노란색 왁스로 코팅하는데, 이는 표면에 곰팡이가 생기지 않도록 가공한 것으로 '수출품'에만 코팅을 입힌다. 네덜란드 국내에서 판매하는 제품은 코팅하지 않으므로 껍질이 자연스러운 노란빛을 띤다.

숙성 초기에는 촉촉하고 순한 맛이 나고, 숙성이 진행되면 조직이 단단해지고 풍미가 강해진다. 또 탈지유로 만들므로 다른 치즈보다 유지방 함량이 적어서 칼로리도 낮다. 맛과 향이 깔끔해서 와인 안주로 제격이다. 현지에서는 토스트와 함께 아침 식사로 많이 먹고 곱게 갈아서 가루 치즈로 사용하기도 한다.

▲ 노란색 왁스로 코팅된 에담 치즈

RECIPE

잘게 갈아 넣는 치즈

조직이 단단한 에담은 갈아서 가루로 만들면 사용하기 편하다. 비교적 저렴한 치즈이므로 파스타나 샐러드 등 다양한 요리에 넣어 보자. 파이나 쿠키 등을 구울 때 반죽에 넣으면 풍미와 맛이 깊고 진해진다. 숙성한 지 얼마 안 된 에담은 잘게 다져서 빵이나 파운드케이크에 넣으면 갓 구웠을 때는 물론 식어도 맛있다.

▲ 에담과 로즈메리로 향을 더한 스틱 파이

◀ 에담과 올리브, 파프리카를 넣어 구운 파운드케이크

반경성/경성 치즈 • 에담

치즈 중에 가장 크고 만화에 자주 나오는 구멍 뚫린 치즈

에멘탈 EMMENTAL

▲ 치즈 눈이 여기저기 뚫린 에멘탈. 촉촉하고 광택이 도는 게 좋은 치즈다.

DATA

[원산지] 스위스 중부

[원유] 우유

[사이즈] 지름 80~100cm, 두께 16~27cm, 무게 75~120kg

[풍미] 나무 열매 같은 향, 씁쓸하면서도 순한 맛

[먹는 방법] 그대로 먹거나 샌드위치, 치즈 퐁듀에 넣어 먹는다.

[어울리는 음료] 과일 향이 나는 화이트 와인

아폴테른 마을

스위스 수도 베른의 북동부에 위치한 에멘탈은 대부분 초원과 목초지로 이루어져 낙농업과 농업이 발달한 지역이다. 이 지역에 있는 아폴테른 마을에는 에멘탈 공장이 있어서 제조 공정을 견학할 수 있고 병설 레스토랑에서 치즈 요리도 맛볼 수 있다. 물론 공장에서 만든 치즈를 구매할 수도 있는데, 숙성 기간이 수개월인 것부터 수년인 것까지 다양한 에멘탈이 골고루 진열되어 있어서 치즈 애호가라면 눈이 쉴 새 없이 반짝이는 곳이다. 맑은 날에는 알프스의 웅대한 풍경이 한눈에 들어온다.

▶ 목초지가 펼쳐진 에멘탈의 풍경

그라탱과 키슈, 퐁듀 등의 요리 재료로 많이 쓰이는 에멘탈은 세계에서 손꼽히는 대형 치즈다. 「톰과 제리」 등의 애니메이션과 만화에 자주 등장하는 구멍이 뽕뽕 뚫린 치즈가 바로 에멘탈이다. 역사가 아주 긴 치즈로 알프스의 풍부한 자연이 펼쳐진 스위스 서부 에멘탈 지방에서 13세기 무렵부터 만들어졌다. 무게는 75~120킬로그램 정도나 되고 에멘탈 하나를 만드는 데 소 80마리분, 우유량으로 따지면 약 1,000리터가 필요하다.

이 치즈의 특징은 뭐니 뭐니 해도 '치즈 눈(Cheese Eye)'이라고 불리는 커다란 구멍이 여기저기 송송 뚫려 있는 것이다. 체리 크기에서 호두알 크기 정도 되는 이 구멍은 유산균의 일종인 프로피온산균이 발효할 때 생긴 기포인데, 프로피온산균이 적으면 충분한 풍미가 생기지 않는다. 식감은 쫄깃하고 나무 열매와 비슷한 특유의 향과 씁쓸하면서도 달콤한 풍미가 있다. 가열하면 잘 늘어나고 향이 한층 더 풍성해지므로 오븐 요리에도 적합하다.

▲온도를 일정하게 유지한 숙성고에서 출하를 기다리는 큰 원반 모양의 에멘탈

RECIPE

노릇하게 구울 때 나오는 풍미

구운 채소 사이사이에 에멘탈을 끼워 넣고 오븐에 노릇노릇 구우면 보기에도 먹음직스러워서 와인 안주나 아침 식사로 손색이 없다. 스위스에서는 에멘탈과 홀그레인 머스터드를 함께 쓰는 경우가 많다. 닭고기에 에멘탈과 홀그레인 머스터드를 얹어서 오븐에 구우면 짧은 시간 안에 현지 느낌이 물씬 풍기는 그릴 치킨 요리가 완성된다. 물론 프라이팬으로도 간단히 만들 수 있다. 따끈따끈할 때 와인과 함께 즐기자.

▲주키니 호박, 가지, 토마토 사이에 에멘탈을 끼워 넣은 오븐구이

◀치즈와 머스터드를 얹어 구운 후 타임과 레몬으로 장식한 그릴 치킨

치즈 퐁듀에 빠지지 않는 마운틴 치즈

그뤼에르 GRUYERE

AOP

▲ 조직이 단단한 그뤼에르. 속살은 숙성이 진행될수록 짙은 노란색을 띤다.

DATA

[원산지] 스위스 서부

[원유] 우유

[사이즈] 지름 55~65cm,
두께 9.5~12cm,
무게 25~40kg

[풍미] 크림처럼 부드러운 식감, 견과류 풍미와 은은한 산미

[먹는 방법] 그대로 먹거나 치즈 퐁뒤를 만들어 먹는다.

[어울리는 음료] 과일 향이 나는 레드 와인, 드라이 화이트 와인

그뤼에르 마을

프랑스 국경 가까이에 위치한 그뤼에르는 몰레종산이나 그뤼에르 호수 등의 아름다운 자연에 둘러싸여 있고 자갈이 깔린 200미터 정도의 중심가가 있을 뿐인 아주 작은 마을이다.

마을 언덕 위에는 11~16세기에 여러 귀족이 거처한 유서 깊은 고성(古城)이 있는데 장식품과 그림, 가구 등 눈부신 역사가 담긴 유산이 공개되어 있다. 또 영화 「에일리언」의 크리처 디자이너 H. R. 기거의 작품을 전시한 박물관도 흥미로운 볼거리다.

▶ 평화롭고 한적한 그뤼에르 마을

치즈 퐁듀에 빠지지 않는 그뤼에르는 역사가 긴 치즈로 12세기 초반 수도원에 납품했다는 기록이 남아 있다. 17세기 무렵 이웃 나라와 치즈를 거래하면서 원산지인 그뤼에르 마을 이름을 붙여 부르기 시작했다. 또 프랑스에서는 최근까지도 경성 치즈를 통틀어 그뤼에르라고 부르는 습관이 있었다. 소금물로 닦으며 숙성시켜서 껍질이 비스킷처럼 촉촉하다. 속살은 부들부들하고 우유 풍미와 신맛, 짠맛이 희미하게 느껴진다. 숙성될수록 향이 깊어지고 맛이 응축되므로 그대로 먹는 게 가장 좋다. 10~16개월 동안 숙성시킨 것은 그뤼에르 레제르브라고 부른다.

2001년 AOC(현 AOP) 인증을 받았으며 여름철에 고지대 목초지에서 만드는 '그뤼에르 달파주'는 반드시 장작을 때서 우유를 끓여야 한다는 규정이 있다. 달파주는 향과 맛이 모두 진해 풍부한 여운이 짙게 남는 명품이다.

▲ 그뤼에르 달파주는 여름철에만 샬레(고지대 산막)에서 제조되며 반드시 장작을 때서 우유를 끓여야 한다는 규정이 있다.

RECIPE

퐁듀의 대표적 치즈

그뤼에르는 가열하면 풍미가 더욱 늘어나므로 치즈 퐁듀나 오븐 요리에 적합하다. 치즈 퐁뒤는 원래 오래되어 딱딱해진 빵을 좀 더 부드럽게 먹기 위해 고안된 가정식 냄비 요리다. 잘게 썬 그뤼에르와 바슈랭 프리부르주아 치즈를 뜨거운 화이트와인과 함께 냄비에 넣고 녹이기만 하면 간단히 완성된다. 빵은 물론 입맛에 맞는 채소에 찍어 먹어도 맛이 그만이다.

▲ 스위스 가정식 요리인 뢰스티 얇게 썬 감자에 그뤼에르를 곁들여 바삭하게 구우면 맛이 더 진해진다.

◀ 스위스에서 치즈 퐁듀에 사용하는 치즈와 재료의 배합은 레스토랑이나 가정마다 전통적으로 전해 내려오는 비법이 각기 다르다고 한다.

스위스 전통 요리 라클렛에 사용되는 따끈하게 녹여 먹는 치즈 — 스위스 AOP

라클렛 뒤 발레
RACLETTE DU VALAIS

▲반으로 자른 치즈를 난로에 녹여 긁어먹는 것이 라클렛의 묘미다.

DATA

[원산지] 스위스 남부

[원유] 우유

[사이즈] 지름 29~32cm,
두께 6~7cm,
무게 4.6~5.4kg

[풍미] 강한 향과 담백한 우유 풍미

[먹는 방법] 그대로 먹거나 라클렛 요리로 먹는다.

[어울리는 음료] 드라이 화이트 와인

스위스의 식문화와 치즈

스위스의 치즈 역사는 8천 년 전까지 거슬러 올라가며 고대 로마 시대에 이미 치즈를 생산했다. 비옥한 평지가 적고 산비탈 대부분이 목초지여서 치즈를 비롯한 유제품 생산이 농업 생산의 절반을 차지한다.

현재 스위스의 1인당 연간 치즈 소비량은 20킬로그램으로 유럽 평균을 크게 웃돈다. 그런 배경에 힘입어 현재까지도 여름철 고지대 목장에서 낙농이 활발히 이루어지며 농가에서는 계절에 따라 소떼와 함께 이동하면서 치즈를 만든다.

스위스 목초지의 젖소 ▶

스위스 남부 발레 지방이 원산지인 라클렛 뒤 발레는 애니메이션 「알프스 소녀 하이디」에서 할아버지가 모닥불에 커다란 치즈를 구워 빵에 발라주면 하이디가 볼이 미이도록 한가득 입에 넣고 먹는 치즈로 잘 알려져 있다. 스위스 전역과 프랑스 일부 지방에서도 생산되지만 발레에서 생산된 라클렛만이 원산지 명칭 보호(AOP)를 받는다.

라클렛는 '긁어내다'라는 뜻을 가진 프랑스어 라클레(racler)에서 유래한 이름이다. 스위스의 대표 요리인 라클렛는 반으로 가른 라클렛 치즈의 단면을 불에 쬐어 찐득하게 녹은 부분을 칼로 긁어내서 찐 감자 등에 찍어 먹는 소박한 음식이다. 이 요리는 과거 양치기들이 절반으로 자른 치즈를 장작불에 구워 먹던 습관에서 유래했다. 스위스 전역과 프랑스 사부아 지방의 전통 음식이며 현재는 라클레트 전용 그릴이 개발되어 가정에서도 손쉽게 라클렛를 즐길 수 있다. 그대로 먹으면 독특한 향이 거슬릴 수 있지만 가열하면 냄새가 누그러들고 맛이 배가되어 라클렛의 장점이 더욱 살아난다.

▲ 라클레트 뒤 발레의 고향인 발레주. 산 너머는 이탈리아다.

RECIPE

갓 찐 감자와 찰떡궁합

김이 모락모락 나는 감자와 라클렛는 찰떡궁합을 자랑한다. 가정에서는 미니 프라이팬이 딸린 라클레트 전용 그릴을 사용하는데 2단으로 된 제품, 대리석으로 만든 제품 등 종류도 다양하다. 그릴에 빵이나 채소 등을 굽고 미니 프라이팬에 라클렛을 녹이면 집에서도 간단히 라클렛 파티를 즐길 수 있다.

▲ 라클렛는 감자와 잘 어울려서 현지에서는 이 조합으로 먹는 경우가 가장 많다.

◀ 불에 구운 여름 채소, 데친 채소, 소시지와 함께 먹어도 맛있다.

어란과 같은 색과 풍미를 가진 치즈

미몰레뜨 MIMOLETTE

▲ 치즈 진드기가 서식하는 껍질은 먹어도 해롭지 않지만 보통 제거하고 속살만 먹는다.

DATA

[원산지] 프랑스 북부

[원유] 우유

[사이즈] 지름 20cm, 두께 15cm, 무게 2~4kg

[풍미] 숙성이 길어질수록 복잡한 향과 풍미, 쌉쌀한 맛이 난다.

[먹는 방법] 그대로 먹거나 샐러드, 파스타에 넣어 먹는다.

[어울리는 음료] 가벼운 레드 와인, 사케, 맥주

벨기에 국경과 가까운 북프랑스 도시

북프랑스 중심지인 릴은 과거 섬유업과 기계 제조업 등으로 발전한 도시로 플랑드르, 프랑스, 부르고뉴 공국의 지배를 거치면서 독자적인 문화가 형성되었다. 중세 거리가 보존된 구시가지와 시청사의 시계탑이 관광 명소로 유명하다. 높이가 104미터에 달하는 시계탑은 '벨기에와 프랑스의 종루' 중 하나로 세계 유산에 등재되었다. 벨기에와 가까운 만큼 와플이 특산물인데, 그중에서도 1761년에 오픈한 제과점 메르의 와플이 가장 유명하다.

▶ 시청사와 오페라 하우스

밝은 오렌지색을 띠는 미몰레트는 프랑스 북부 도시 릴이 원산지인 치즈다. 17세기 프랑스에서는 영국이나 네덜란드 치즈에 높은 관세가 붙어 에담이 수입되지 않았다. 그래서 에담 대신 만들어진 치즈가 미몰레뜨다.

미몰레뜨는 시롱(Ciron)이라고 불리는 치즈 진드기를 부착해 숙성시킨다. 시롱은 곰팡이를 먹으며 치즈 속 지방 함량을 유지하고 수분을 조절해 준다. 시롱이 번식해서 숙성이 진행되면 껍질이 달 표면처럼 우둘투둘해지고 맛과 풍미가 더욱더 깊어진다. 또 시롱 자체는 먹어도 해롭지 않다. 2~6개월 숙성시킨 미몰레뜨는 '젠느', 1년 이상 숙성시킨 것은 '비예'라고 부른다.

미몰레뜨라는 이름은 프랑스어로 '적당히 부드럽다'는 의미로 미몰(mi-molle)에서 유래했는데 실제로는 숙성 초기에만 부드럽다. 미몰레뜨는 고급 진미인 가라스미(숭어 등의 생선 알을 소금에 절인 후 햇볕에 말린 음식)와 같은 감칠맛과 풍미, 식감이 있어서 와인은 물론 사케나 맥주와도 잘 어울린다.

▲ 당근처럼 선명한 색을 띤 미몰레트를 넣은 여름 채소 샐러드. 보는 눈까지 즐겁게 한다.

RECIPE

숙성될수록 단단한 식감

색채가 화려한 미몰레뜨는 껍질을 제거하고 오렌지색 부분만 먹는다. 숙성한 지 얼마 안 된 미몰레트는 탄력이 있어서 얇게 썰어 샌드위치에 넣거나 깍두기 모양으로 잘라 샐러드 등에 넣는다. 오래 숙성시킨 비예는 자를 수 없을 만큼 단단하므로 깎거나 부숴 먹는다. 작은 조각을 입안에서 천천히 녹이며 풍미를 즐겨도 좋다.

▲ 신선한 채소와 얇게 썬 미몰레트로 만든 파티용 핑거 푸드

◀ 강판에 갈아서 리조토나 파스타에 넣어도 맛있다.

장인의 손길과 정성이 깃든 프랑스에서 가장 사랑받는 경성 치즈

꽁떼 COMTE

▲ 수분이 적고 맛이 꽉 찬 꽁떼. 실온에 두었다가 먹으면 풍미가 한층 더 깊어진다.

DATA

[원산지] 프랑스 동부

[원유] 우유

[사이즈] 지름 55~75cm, 두께 8~13cm, 무게 32~45kg

[풍미] 견과류처럼 풍무한 끝맛과 우유의 부드러운 감칠맛

[먹는 방법] 그대로 먹거나 치즈 퐁듀로 먹는다

[어울리는 음료] 화이트 와인, 스파클린 와인, 오크 향이 있는 쥐라 와인

꽁떼의 고향 쥐라산맥

프랑스를 대표하는 경성 치즈인 꽁떼는 프랑스 동부의 쥐라산맥 일대에서 제조된다. 꽁떼는 몽벨리아르드종과 수가 많지 않은 프렌치시멘탈종인 소가 생산한 우유로만 제조하도록 규정되어 있다.

500~1,700미터 높이의 산으로 둘러싸인 쥐라산맥 일대에는 고도에 따라 각양각색의 식물과 꽃이 자란다. 그 화초를 먹은 소가 생산한 우유로 만든 치즈에는 그 풍미가 고스란히 베어나 발효를 촉진하고 훌륭한 향을 탄생시킨다. 이 지역 특산물인 오크 향이 있는 쥐라 와인, 특히 독특한 풍미가 특징인 드라이 화이트 와인 뱅 존과 궁합이 잘 맞는다.

▶ 프랑스의 쥐라산맥

프랑스의 국민 치즈인 꽁떼는 프랑스 동부와 스위스의 국경에 걸쳐 있는 쥐라산맥 일대에서 만들어진다. 연간 생산량은 약 6만 톤으로 프랑스산 AOP 치즈 중에서 가장 많다. 해마다 수요가 꾸준히 늘고 있으며 프랑스뿐 아니라 전 세계인의 사랑을 한몸에 받는 인기 치즈다.

꽁떼는 폭설이 이어지는 산악 지대에서 길고 혹독한 겨울을 나기 위해 장기 보존용 식품으로 만들어졌다. 꽁떼 한 덩어리를 만들려면 우유 500리터가 필요해서 각 농가에서 짠 우유를 프뤼티에르(치즈 제조소)에 모아 꽁떼를 만든다. 이렇게 제조한 꽁떼는 숙성을 전문으로 하는 회사로 옮겨 수개월에서 1년 반 정도 숙성시킨다. 출하 심사는 매우 엄격하지만 합격하면 꽁떼 협회 라벨과 함께 '꽁떼 엑스트라'라는 이름이 붙여진다.

부드러우면서도 단단한 노란 속살, 견과류 향과 촉촉한 식감이 특징이며, 프뤼티에르마다 풍미가 다르다는 점도 꽁떼만의 즐거움이다. 맛과 향이 강하지 않아서 치즈 퐁듀나 그라탱 등의 요리에 활용하기 쉽다.

▲ 숙성 중인 꽁떼. 긴 시간 정성을 들여 맛을 끌어낸다.

RECIPE

크로크무슈의 대표적 재료

꽁떼는 가열하면 잘 녹으므로 그라탱, 양파 그라탱 수프 등 고온에서 조리하는 오븐 요리나 치즈 퐁듀에 적합하다. 우유의 감칠맛과 견과류 같은 고소한 풍미가 있으므로 작게 잘라서 그대로 먹으면 본연의 맛을 음미할 수 있다. 프랑스의 대표적인 카페 메뉴인 크로크무슈도 꽁떼로 만든다.

▲ 꽁떼를 듬뿍 넣은 양파 그라탱 수프

◀ 18개월 이상 숙성시킨 꽁떼는 와인과 찰떡궁합이다.

밀크 캔디처럼 달콤한 여운이 남는 치즈

오소 이라티 OSSAU IRATY

▲ 오소 이라티는 고소한 견과류 향과 입안에 은은하게 남는 단맛이 매력적이다.

DATA

[원산지] 프랑스 남부

[원유] 양유

[사이즈] 대형 지름 22.5~27cm, 두께 8~14cm, 무게 3.8~6kg

[풍미] 소박하고 꿀 같은 풍미, 우유의 단맛

[먹는 방법] 그대로 먹거나 잼과 함께 먹는다.

[어울리는 음료] 화이트 와인

독자적인 문화가 형성된 바스크 지방

오소 이라티의 고향은 프랑스와 스페인 접경 부근, 피레네산맥이 가로지르는 바스크 지방이다. 자체적으로 발전한 문화와 풍습이 지금까지 남아 이곳 주민들은 바스크 민족이라는 의식과 자부심이 강하다.

프랑스 바스크 지방의 중심지인 바욘은 고대 로마 시대에는 교통의 요지로, 중세에는 무역항으로 번영을 누린 도시다. 바스크의 상징색이기도 한 빨간색과 녹색을 바탕으로 지은 건물이 다채로워서 거리를 거닐기만 해도 눈이 즐겁다. 근교의 에스플레트산 고춧가루로 맛을 낸 잠봉 드 바욘 햄의 일종은 전 세계적으로 명성이 높다.

▶ 바욘의 거리 풍경

오소 이라티는 프랑스와 스페인의 국경 부근에 있는 바스크 지방과 베아른 지방이 원산지로 전통과 품질을 두루 갖춘 치즈다. 역사는 확실치 않지만 그리스 신화에 나오는 아폴론의 아들 아리스타이오스가 만들었다는 전설이 남아 있다. 이름은 베아른 지방에 있는 오소 계곡과 바스크 지방에 있는 이라티 숲에서 유래했다. 원래 현지에서는 특별한 이름 없이 양 치즈나 마운틴 치즈라고 불렀지만 1980년 AOC를 획득할 때 오소 이라티라는 이름이 붙여졌다.

껍질 색은 베이지색, 불그스름한 노란색, 회색 등 다양하며 측면은 살짝 볼록하다. 양들은 봄부터 가을까지 서쪽 피레네산맥에 방목되어 향기로운 풀을 먹고 자라는데 그 젖으로 만든 오소 이라티는 그윽한 향과 순하고 달콤한 풍미가 있다. 오소 이라티는 세 가지 품종의 양유로만 만드는데, 그중에서도 거무스름한 얼굴색과 근사한 뿔이 특징인 마네크 테트 누아르종 양유로 만든 오소 이라티가 가장 품질이 뛰어나다. 블랙베리 잼이나 카시스 잼, 꿀과 함께 먹으면 맛깔스럽게 즐길 수 있다.

▲ 여름철 아름다운 피레네산맥의 산기슭에 방목된 소

RECIPE

양유 특유 향보다 단맛이 감도는 치즈

단맛이 은근하게 감도는 오소 이라티는 잼이나 꿀과 함께 먹으면 한층 더 달콤하게 즐길 수 있다. 프랑스의 고기 요리인 콩피와도 궁합이 잘 맞는다. 그대로 먹어도 안주로 손색이 없지만 얇게 썰어서 숙성 햄 등을 곁들이면 화려한 오르되브르가 된다.

▲ 완숙 달걀에 밑간한 버섯과 오소 이라티, 파를 버무려 담으면 간단하면서도 근사한 끼니가 된다.

◀ 오소 이라티와 잼은 기본 중의 기본인 조합이다.

달콤하고 진한 풍미가 느껴지는 고소하고 순한 치즈

페코리노 토스카노
PECORINO TOSCANO

▲ 페코리노 토스카노는 1996년에 DOP를 취득한 유서 깊은 명품 치즈다.

DATA

[원산지] 이탈리아 중부

[원유] 양유

[사이즈] 지름 15~22cm,
두께 7~11cm,
무게 750g~3.5kg

[풍미] 진한 풍미와 은은한 단맛

[먹는 방법] 그대로 먹거나 빵에 얹어서 잼이나 꿀을 곁들여 먹는다.

[어울리는 음료] 레드 와인, 화이트 와인

현지의 와인과 함께 즐기자

페코리노 토스카노의 원산지인 토스카나 지방은 와인의 명산지로도 유명하다. 이 지방은 기후가 온난하고 포도 재배에 적합해 이탈리아에서 가장 질 좋은 와인을 생산하는 지역 중 하나로 꼽힌다.

숙성한 지 얼마 안 된 프레스코에는 토스카나의 드라이 화이트 와인이, 스타지오나토에는 키안티나 로소 디 몬탈치노 같은 과일 향이 나는 레드 와인이, 숙성한 오로 안티코에는 토스카나의 디저트 와인 빈 산토가 잘 어울린다.

▲ 숙성한 페코리노 토스카노는 와인과 궁합이 아주 좋다.

페코리노 토스카노라는 이름은 양을 뜻하는 이탈리아어 페코라(pècora)에서 유래했다. 이탈리아 중부와 남부 지역은 양 목축이 발달해서 양유로 만든 치즈가 많은데, 페코리노라는 이름이 붙은 치즈는 양유로 만든 치즈라는 의미이며 페코리노 뒤에는 보통 지명이 붙는다. 다시 말해 페코리노 토스카노는 토스카나 지방에서 생산된 양유로 만든 치즈라는 의미다.

페코리노 토스카노는 숙성 정도에 따라 맛도 이름도 달라지며 오래 숙성할수록 풍미가 깊어진다. 1개월 숙성한 '프레스코'는 탄력이 있고 양유 풍미가 약해 산뜻하다. 4개월 숙성한 '스타지오나토'는 양유 풍미가 늘면서 버섯과 비슷한 향이 느껴지고 맛도 진해진다. 6개월 숙성한 '오로 안티코'는 치즈를 보호하기 위해 표면에 올리브유를 바르며 오랜 숙성으로 양유 특유의 맛과 풍미가 한층 더 깊어진다. 페코리노 토스카노는 맛과 풍미가 부드러워서 그대로도 충분히 즐길 수 있다. 그 맛과 향은 묘한 향수를 불러일으키는 데가 있다.

▲ 토스카나의 아름다운 풍경

RECIPE

높은 유지방, 부드러운 식감

양유 치즈는 우유나 염소유로 만든 치즈보다 유지방 함량이 높다. 얇게 썰어 혀 위에서 서서히 녹아내리는 식감을 즐겨 보자. 잼이나 꿀을 곁들이면 치즈의 풍미가 더욱 살아나고, 요리에 넣어도 농후한 맛을 즐길 수 있다. 이탈리아 사람들처럼 누에콩과 함께 맛보고 싶다면 한국과 일본에서는 생으로 먹는 누에콩은 쉽게 구할 수 없으므로 삶거나 구워서 올리브유를 뿌려 먹자.

▲ 잘게 자른 그린 올리브와 얇게 깎은 페코리노 토스카노를 얹은 부드러운 식감의 오르되브르

◀ 가정의 포근함이 느껴지는 뿌리채소와 반숙란을 넣은 아쿠아코타. 페코리노 토스카노를 강판에 갈아서 뿌려주면 우유 풍미를 즐길 수 있다.

프랑스가 자랑하는 마운틴 치즈

보포르 BEAUFORT

▲ 오목한 옆면은 보포르의 특징이며 착유량에 따라 크기가 달라진다.

DATA

[원산지] 프랑스 남부

[원유] 양유

[사이즈] 지름 35~75cm, 두께 11~16cm, 무게 20~70kg

[풍미] 말랑말랑한 식감과 고소한 향, 은은한 풍미

[먹는 방법] 그대로 먹거나 퐁듀, 그라탱, 타르트에 넣는다.

[어울리는 음료] 드라이 화이트 와인, 향이 강한 레드 와인

마운틴 치즈

보포르는 아봉덩스, 꽁떼와 더불어 프랑스의 3대 마운틴 치즈로 꼽힌다. 보포르라는 이름은 프랑스 사부아 지방에 있는 골짜기명에서 유래했다.

사부아 지방은 알프스산맥의 산자락을 사이에 두고 이탈리아와 국경을 마주하고 있다. 프랑스 알프스는 대부분 프랑스 영토이지만 알프스에서 가장 높은 산이자 서유럽 최고봉인 몽블랑 등은 여러 국가가 공동으로 관리한다. 알프스 산악 지대에서는 옛날부터 길고 혹독한 겨울을 나기 위해 장기 보존용 식품으로 대형 경질 치즈를 만들었다.

▶ 알프스산맥

보포르는 미식가 브리야 사바랭이 그뤼에르의 왕자라고 찬사를 보낸 경성 치즈다. 오목한 옆면은 18세기 무렵 말로 치즈를 운반하기 위해 고안됐다고 한다. 알프스 사부아 지방은 몽블랑 등 높은 산이 즐비한 산악 지대로 여름이 되면 화초가 만발한 목초지가 펼쳐진다. 들판에 핀 신선한 목초를 먹고 자란 소의 젖과 그 젖으로 만든 보포르는 향이 풍성하다. 또 보포르는 최소 5개월 이상 숙성시키므로 깊고 달콤한 맛이 난다.

여름에 만든 보포르는 6~10월 젖소 방목 시기에 생산되는 보포르라는 뜻의 에떼, 라고 부르는데 가을에서 겨울까지 숙성시키면 맛이 더 깊어져 최고조에 달한다. 껍질은 단단하고 황갈색을 띠며 수평 방향으로 레뉘르(lainures)라고 불리는 미세한 금이 간 경우도 있다.

에테 중에서도 해발 1,500미터 이상의 고지에서 방목한 소의 우유를 하루 두 번 착유해 샬레(고지대 산막)에서 만든 '보포르 샬레 달파쥬'라는 명칭을 붙일 수 있으며 최고급으로 여겨진다. 이때 치즈는 꿀처럼 달콤하고 풍부한 향과 풍미 속에 고급스러움이 묻어난다.

▲ 여름 방목지는 따렁테즈종 소와 아봉덩스종 소의 낙원이다.

RECIPE

식재료의 맛을 살려주는 치즈

달콤한 우유 향과 말랑말랑한 식감이 있는 보포르는 특유의 풍미가 있지만 거부감 없이 먹을 수 있는 치즈여서 다양한 식재료의 맛을 살려준다. 간단하게 빵 사이에 끼워서 먹어도 좋지만 치즈 퐁듀로도 적합하다. 퐁듀 냄비에 마늘을 넣어 향을 낸 다음 깎은 보포르와 화이트 와인을 넣고 가열한다. 이때 숙성시킨 치즈를 함께 넣으면 향이 더욱 풍성해진다.

▲ 건포도 빵에 끼워서 간단하게 먹는다.

◀ 사부아식 치즈 퐁듀에서 빠지지 않는 보포르

그라나 파다노
GRANA PADANO

▲ 파르미지아노 레지아노와 크기가 같아서 각인으로 구별한다.

그라나 파다노와 파르미지아노 레지아노는 쌍둥이처럼 닮았다. 그렇다 보니 두 치즈 사이에 원산지를 둘러싼 분쟁이 끊이지 않았고, 명칭과 산지를 정확히 하기 위해 DOP의 전신인 DOC가 탄생했다.

그라나 파다노의 이름은 이탈리아어로 알갱이라는 뜻인 그라나(Grana)와 포(Po)강 유역의 파다나 평야에서 유래했다. 파르미지아노 레지아노보다 가격이 저렴하고 쓰기도 편해서 '부엌의 남편'이라 불리며, 생산량은 원산지 명칭 보호(DOP)를 받는 치즈 중에서 단연 선두를 달린다. 레지아노와 구별하는 방법은 겉면에 새겨진 각인뿐이다. 풍미가 온화하고 촉촉한 식감이 있어서 얇게 잘라 그대로 먹는 게 가장 좋다.

DATA

[원산지] 이탈리아 북부

[원유] 우유

[사이즈] 지름 35~45cm,
무게 24~40kg

[풍미] 은은한 풍미와 적당한 감칠맛

[먹는 방법] 그대로 먹거나 파스타, 피자, 그라탱, 리조토에 넣어 먹는다.

[어울리는 음료] 드라이 화이트 와인, 향이 강한 레드 와인

▲ 파다나 평야는 이탈리아 유수의 낙농 지대다.

술을 섞은 소금물로 여러 번 문질러 닦는 색다른 경성 치즈 스위스

아펜젤러 APPENZELLER

AOP

▲6개월 이상 숙성시킨 블랙 라벨은 맛과 향이 강렬하다.

아펜젤러는 스위스 치즈 중에서도 특히 역사가 깊으며, 숙성하는 동안 허브나 화이트 화인, 술을 섞은 소금물로 여러 번 닦는 전통적인 제조 방식으로 만들어진다. 경질 타입치고는 드물게 향이 강하며 허브 풍미와 달콤하고 농후한 맛이 특징이다.

숙성 기간에 따라 표면에 부착하는 라벨 색깔이 달라지며 숙성 기간이 3개월이면 실버, 4~5개월이면 골드, 6개월 이상이면 블랙 라벨이 붙는다. 라벨 중앙에는 아펜젤 지방의 주(州) 문장(紋章)에는 걷는 곰과 치즈가 그려져 있다. 숙성 기간이 길수록 풍미와 허브 향이 더욱 강해지지만 숙성 정도를 분간하기는 힘들다. 숙성 정도에 따라 맛이 완전히 달라지기도 하므로 라벨 색깔을 기준으로 선택하자.

DATA

[원산지] 스위스 **[원유]** 우유
[사이즈] 지름 30~33cm, 두께 7~9cm, 무게 6.2~8kg

[풍미] 깊은 향과 톡 쏘는 허브 풍미
[먹는 방법] 그대로 먹거나 토마토소스와 먹는다.
[어울리는 음료] 묵직한 바디감이 있는 레드 와인, 화이트 와인, 사케, 맥주

▲아펜젤러 마을

올리브유와 파프리카로 문질러 숙성시킨 치즈

마온 MAHON

▲ 정사각형 모양의 천에 싸서 숙성시키므로 모서리가 둥글둥글하다.

DATA

[원산지] 스페인 **[원유]** 우유

[사이즈] 두께 5~9cm, 무게 1~4kg

[풍미] 깊은 풍미, 적당한 신맛과 바닷바람이 떠오르는 짠맛

[먹는 방법] 그대로 먹거나 파스타, 리조토에 넣어 먹는다.

[어울리는 음료] 드라이 화이트 와인, 셰리 와인, 사케, 증류식 소주

▲ 발라먹는 소시지인 소브라사다와 마온을 얹은 전채 요리 핀초스

스페인은 보통 양유나 염소유로 만든 치즈가 많은데 기후가 온화하고 강우량이 많은 메노르카섬에서는 13세기 무렵부터 소를 사육했고, 그 소가 생산한 우유로 치즈를 만들었다. 마온이라는 이름은 이 섬의 항구 이름에서 유래했다.

바다에 둘러싸인 섬에서 자란 풀을 먹은 소의 우유는 다른 지역에서 생산된 우유보다 짠맛이 강하다고 알려져 있다. 그 우유로 만든 마온은 질감이 촉촉하며 약간 시큼하고 짭짤해서 씹을수록 깊은 맛이 난다. 가염한 후 균열을 방지하기 위해 파프리카와 올리브유를 바르면서 천천히 숙성시키므로 껍질 색이 자연스럽게 오렌지빛으로 변한다. 숙성이 진행된 것은 얇게 잘라 사케나 증류식 소주와 함께 먹어도 잘 어울린다.

꽃잎처럼 얇게 깎아 깊은 우유 풍미를 음미하는

스브린츠 SBRINZ

▲ 스위스의 파르미지아노라고도 불리는 스브린츠

스브린츠는 프랑스와 어깨를 견주는 치즈 대국 스위스에서도 역사가 가장 깊은 치즈다. 원산지 보호 명칭인 AOC(AOP)를 네 번째로 취득한 치즈이기도 하다. 숙성 기간은 18개월에서 3년으로 상당히 길어서 아주 단단한데, 단단함 속에 깊은 맛과 풍미가 가득 응축되어 있다. 장기간 숙성하다 보니 수분이 완전히 빠져 칼로 자를 수 없을 만큼 단단해서 스브린츠를 얇게 깎기 위한 전용 도구까지 개발되었다. 스브린츠는 얇게 깎아 먹어야 깊은 맛을 충분히 즐길 수 있다. 그대로 파스타나 샐러드에 얹거나 후추를 뿌려 안주로 내면 치즈를 잘 먹지 못하는 사람도 부담 없이 맛있게 즐길 수 있다.

DATA

[원산지] 스위스 중부 **[원유]** 우유

[사이즈] 지름 45~65cm, 두께 12~15cm, 무게 25~45kg

[풍미] 진한 풍미와 순한 맛

[먹는 방법] 그대로 먹거나 샐러드, 파스타에 넣거나 오르되브르로 먹는다.

[어울리는 음료] 레드 와인, 사케

▲ 작게 조각낸 스브린츠는 안주로 제격이다.

찾아보기

프레시 치즈

파스타 필라타 치즈

흰곰팡이 치즈

워시 치즈

국내 치즈 수입 현황

※ 2022년 2월 기준으로 수입 현황은 변동될 수 있다.

분류	수입여부		특이사항
프레시 치즈			
01 리코타	○		
02 마스카르포네	○		
03 페타	○		
04 할루미	○		
05 예토스트	○		'브라운치즈(Brown cheese)'명칭으로 수입
06 브로슈		×	
07 프로마쥬 블랑	○		
08 크박		×	미수입, 국내 일부 농가에서 생산
09 생마르슬랭		×	
10 크림치즈	○		
11 코티지치즈	○		
파스타 필라타 치즈			
01 프로볼로네 발파다나		×	원산지 명칭 보호(DOP)를 받지 않는 '프로볼로네(Provolone)' 만 수입
02 모짜렐라	○		
03 모짜렐라 디 부팔라 캄파나	○		
04 부라타	○		
05 스카모르짜	○		'스카모르짜 아푸미카타(scamorza affumicata)' 라는 이름의 훈제 스카모르짜 수입
06 카치오카발로 실라노		×	국내 일부 농가에서 '카치오카발로(Caciocavallo)' 생산
흰곰팡이 치즈			
01 브리 드 모		×	원산지 명칭 보호(AOP)를 받지 않는 '브리'만 수입
02 까망베르 드 노르망디		×	원산지 명창보호(AOP)를 받지 않는 '까망베르'만 수입
03 까망베르	○		
04 꿀로미에	○		
05 샤우르스	○		
06 뇌샤뗄		×	
07 브리 드 믈렁		×	원산지 명칭 보호(AOP)를 받지 않는 '브리'만 수입
08 브리야 사바랭	○		
워시 치즈			
01 에뿌아쓰	○		
02 퐁레베크	○		
03 몽도르		×	
04 탈레지오	○		
05 묑스테르	○		
06 리바로	○		
07 랑그르	○		
08 마루왈	○		
09 바슈랭 몽도르		×	

염소젖(셰브르) 치즈			
01 생트 모르 드 투렌		×	
02 크로탱 드 샤비뇰		×	
03 샤비슈 뒤 푸아투		×	
04 발랑세		×	
05 풀리니 생피에르		×	
06 셀 쉬르 셰르		×	
07 바농		×	
블루 치즈			
01 스틸턴	○		
02 고르곤졸라	○		
03 로크포르		×	
04 푸름 당베르	○		
05 깜보졸라	○		유사한 스타일의 다른 제품명으로 수입
06 다나블루	○		
07 퀘소 데 발데온		×	
08 블루 드 젝스		×	
09 블루 도베르뉴	○		
반경성·경성 치즈			
01 테트 드 무안	○		
02 테티야		×	
03 체다	○		
04 고다	○		
05 아시아고	○		
06 르블로숑		×	
07 폰티나	○		
08 생넥테르		×	
09 깡딸	○		
10 모르비에		×	
11 아봉덩스		×	
12 파르미지아노 레지아노	○		
13 페코리노 로마노	○		
14 퀘소 만체고	○		
15 에담	○		
16 에멘탈	○		
17 그뤼에르	○		
18 라클렛 뒤 발레	○		'라클렛' 수입
19 미몰레뜨	○		
20 꽁떼	○		
21 오소 이라티	○		
22 페코리노 토스카노	○		'페코리노 로마노' 수입
23 보포르		×	
24 그라나 파다노	○		
25 아펜젤러	○		
26 마온		×	
27 스브린츠		×	

CHEESE
알면 더 맛있는, 치즈 사전

초판 1쇄 2019년 6월 10일
4쇄 2022년 2월 15일

지은이 실업지일본사
옮긴이 정세영 | **감수** 혼마 루미코(일본어판), 김은주(한국어판)

편집장 김주현 **책임편집** 성스레
표지디자인 김주리, 안태현 | **내지디자인** 디자인뷰 **제작** 이기성
마케팅 사공성, 강승덕, 황재아

발행처 북커스
발행인 정의선
이사 전수현
출판등록 2018년 5월 16일 제406-2018-000054호
주소 서울시 종로구 평창30길 10
전화 02-394-5981~2(편집) 031-955-6980(영업)

값 13,500원
ISBN 979-11-90118-01-9-13590

※ 북커스(BOOKERS)는 (주)음악세계의 임프린트입니다.